解　读　地　球　密　码

丛书主编　孔庆友

地貌新宠

Table Mountain
A New Favourite Landscape

本书主编　张永伟　吕晓亮

山东科学技术出版社
·济南·

图书在版编目（CIP）数据

地貌新宠——崮 / 张永伟，吕晓亮主编. -- 济南：山东科学技术出版社，2016.6（2023.4 重印）
（解读地球密码）
ISBN 978-7-5331-8361-5

Ⅰ. ①地… Ⅱ. ①张… ②吕… Ⅲ. ①岩石 - 地貌 - 普及读物 Ⅳ. ① P931.2-49

中国版本图书馆 CIP 数据核字（2016）第 141827 号

丛书主编 孔庆友
本书主编 张永伟 吕晓亮

地貌新宠——崮

DIMAO XINCHONG——GU

责任编辑：焦 卫 魏海增
装帧设计：魏 然

主管单位：山东出版传媒股份有限公司
出 版 者：山东科学技术出版社
地址：济南市市中区舜耕路 517 号
邮编：250003 电话：（0531）82098088
网址：www.lkj.com.cn
电子邮件：sdkj@sdcbcm.com
发 行 者：山东科学技术出版社
地址：济南市市中区舜耕路 517 号
邮编：250003 电话：（0531）82098067
印 刷 者：三河市嵩川印刷有限公司
地址：三河市杨庄镇肖庄子
邮编：065200 电话：（0316）3650395

规 格：16 开（185 mm × 240 mm）
印 张：8.75 **字数：**158 千
版 次：2016 年 6 月第 1 版 **印次：**2023 年 4 月第 4 次印刷
定 价：38.00 元
审图号：GS（2017）1091 号

普及地質科学知識

提高民族科学素質

李廷棟

2016年元月

传播地学知识，弘扬科学精神，
践行绿色发展观，为建设
美好地球村而努力。

瞿裕生
2015年10月

贺 词

自然资源、自然环境、自然灾害，这些人类面临的重大课题都与地学密切相关，山东同仁编著的《解读地球密码》科普丛书以地学原理和地质事实科学、真实、通俗地回答了公众关心的问题。相信其出版对于普及地学知识，提高全民科学素质，具有重大意义，并将促进我国地学科普事业的发展。

国土资源部总工程师 张洪涛

编辑出版《解读地球密码》科普丛书，举行业之力，集众家之言，解地球之理，展齐鲁之貌，结地学之果，蔚为大观，实为壮举，必将广布社会，流传长远。人类只有一个地球，只有认识地球、热爱地球，才能保护地球、珍惜地球，使人地合一、时空长存、宇宙永昌、乾坤安宁。

山东省国土资源厅副厅长 王桂鹏

编著者寄语

★ 地学是关于地球科学的学问。它是数、理、化、天、地、生、农、工、医九大学科之一，既是一门基础科学，也是一门应用科学。

★ 地球是我们的生存之地、衣食之源。地学与人类的生产生活和经济社会可持续发展紧密相连。

★ 以地学理论说清道理，以地质现象揭秘释惑，以地学领域广采博引，是本丛书最大的特色。

★ 普及地球科学知识，提高全民科学素质，突出科学性、知识性和趣味性，是编著者的应尽责任和共同愿望。

★ 本丛书参考了大量资料和网络信息，得到了诸作者、有关网站和单位的热情帮助和鼎力支持，在此一并表示由衷谢意！

科学指导

编著委员会

目录

CONTENTS

Part 1 崮名释义

Part 5 异域方山

地学知识窗

Part 1 崮名释义

2014年12月26日和27日，中国中央电视台科教频道“地理·中国”栏目连续两集播出了《崮乡探奇》；2015年3月6日，“地理·中国”栏目又播出了《方顶奇山之谜》，带领大家走进山东省蒙阴县岱崮镇，领略地貌新宠——崮的美貌多姿，了解崮的科学成因，聆听“崮”乡的神奇“崮”事和美丽传说。

崮与岱崮地貌

崮，汉语拼音为gù，在《辞海》中的解释是："四周陡峭而顶部较平的山。多用于地名：孟良~（在山东省临沂）。"《辞海》里提到的孟良崮，位于山东省临沂市蒙阴县，而它与开国元勋陈毅元帅还有一段不解之缘。当年，陈毅元帅转战沂蒙，面对随处可见的奇崮险隘，诗兴大发，挥笔写下了脍炙人口的《如梦令·临沂蒙阴道中》（图1-1）："临沂蒙阴新泰，路转峰回石怪，一片好风景，七十二崮堪爱。……"

那么，"崮"为何会受到陈毅元帅的如此眷顾呢？这还得从崮的形状说起。中国作家协会会员李存修先生发表于《人民日报（海外版）》的文章《沂蒙寻崮》中有这样一段描述："在我的眼中，每座崮并不是一座山，而是山顶部壁高25～50 m的一块巨石。巨石大小不一，形状各异，或雄奇，或险峻，或巍然，或秀美，每一块巨石都有自己的特点。我虽未看完七十二崮，但就我所仰望到的崮，像蘑菇，像博士帽，像碾盘，像石磨，像棋子，像枕头，等等。"有位叫贾纳的小学生在作文《爬抱犊崮》中写道："看，远处出现了抱犊崮壮美的

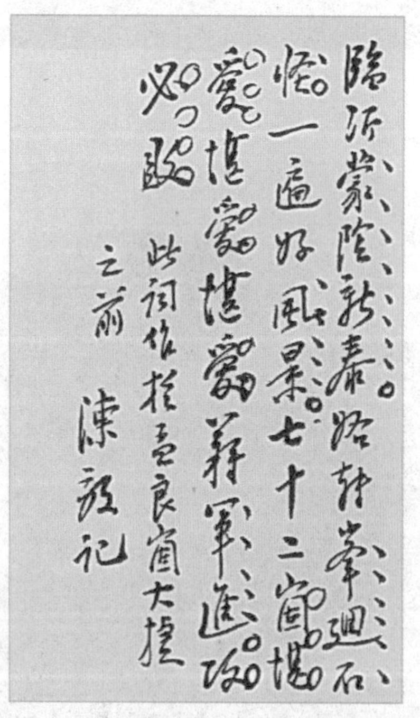

图1-1　陈毅元帅手迹

躯体，像一顶巨大无比的草帽扣在山顶上。”小学生的描述比辞典解释得还逼真，大自然的美丽（图1-2至图1-7），造物主的神奇，让人感叹不已。

图1-2 崮之春

图1-3 崮之秋

图1-4 崮乡秋色（孙艳玲摄）

图1-5 北国最美数崮乡（李露梅摄）

图1-6 大地华韵是崮乡（张凤川摄）

图1-7 群崮雄风（李波摄）

文章中惟妙惟肖地描绘了崮的直观形态，引人入胜。而从地貌学角度看，崮属于构造地貌中的桌状山（桌形山）或方山地形（方形山）的一种，亦称为“方山”。方山地貌景观在中国、美国、西班牙、阿根廷、印度、澳大利亚及北部非洲、南部非洲、阿拉伯半岛等许多地方都有发现，世界各大洲都有典型的代表。

在我国，方山也称作桌子山、平顶山、嶂、崮等，其中方山最为常见，而“崮”是当地群众对桌形山或方山的形象俗称。我们认为将方山地貌称为“崮”形地貌最为形象贴切。“崮”者，从字形上看，既有方（固为方形，两侧笔直、对称）的形态，也有坚固（基岩出露、傲立苍穹）的意思，且不失有山的意境。

崮是山东地区独有的一种特异地貌景观。中国地理学会依据山东省临沂市蒙阴县岱崮镇全国最集中的崮形地貌现象，将原称“方山地貌”正式更名为“岱崮地貌”。

崮主要分布在鲁中南低山丘陵区域，宏观层面包括蒙阴、沂水、沂南、沂源、平邑、费县和枣庄市山亭区等7个县、区境，较为知名的崮不下百座，形成了风景壮美的沂蒙崮群；微观层面则主要集中在蒙阴县岱崮镇，形成了独具特色的岱崮地貌集群。而崮在中国北方其他地方也有零星出现，但发育均不成熟，地貌特征不明显。

——地学知识窗——

地　貌

Landform，又称地形（relief feature），是地表外貌各种形态的总称。它是内动力地质作用、外动力地质作用和时间三大因素共同影响下形成的各类地表形态，是影响自然地理各因子的基础。按其形态可分为山地、丘陵、高原、平原、盆地等地貌单元。按其成因可分为构造地貌、侵蚀地貌、堆积地貌、气候地貌等类型。按动力地质作用的性质分为河流地貌、湖泊地貌、冰川地貌、岩溶地貌、海岸地貌、干旱地貌、黄土地貌、风成地貌、重力地貌等类型。地貌是构成风景的骨架，是极为重要的旅游资源，是旅游地学的重要研究对象。

地貌景观

Geomorphologic landscape，是在成因上彼此相关的各种地表形态的组合。如山地景观、河谷景观、湖泊景观、岩溶景观等。地貌为景观要素之一，人们常把各种地形泛称地貌景观。它们常是以某一种或两三种主导自然地理要素（如气候、水文、地貌、土壤、植物、动物）来命名（如丹霞地貌景观）。

桌 状 山

Table mountain，又称方山（mesa）。顶平如桌面，四周被陡崖围限的山体。在产状水平或平缓的岩层分布的地区，受到强烈的切割后，顶部覆有坚硬的岩层时，就会形成形若桌状的方山。中国四川盆地中部，岩层产状近于水平，以红色砂岩为顶盖的方山地形极为发育，沿嘉陵江合川至南充李渡间，方山地形最为典型。南京六合一带有玄武岩方山。

溶帽山（崮）景观

Solution cap landscape，即由溶蚀作用形成的帽状山峰。在碳酸岩分布区，因岩层的岩性差异，经溶蚀和重力崩塌作用，形成顶部平坦、四壁陡峻、山麓平缓的帽状孤峰。在山东，此种地貌景观称为“崮”，类似于南方的岩溶孤峰。熊耳山的抱犊崮被誉为鲁中南七十二崮之首。在三峡黄陵背斜也有一个由震旦纪灰岩形成的溶帽山。

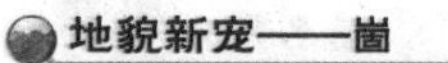

崮形地貌的特点

西方国家对方山这类地貌景观的称呼也有较大差别，美国英语术语一般将方山称作Mesa（平顶山），指代这类桌形地形（Tableland）（台地、高原）；西班牙语及葡萄牙语将其通常称作Table（Landform）（桌形地貌）；另外，还有一些地方将其称作Table Mountain（桌山），而我们将方山称为“崮”。虽然对此类地貌景观的称呼多种多样，但是对其定义基本一致。我们通过中国五大岩石地貌的对比，结合世界范围内的方山地貌特点，介绍一下崮形地貌基本特征。

地貌类型的典型性

实际生活中，我们常见的各种山绝大多数是由岩石构成的。山的各种形态就展现出了变化万千的各种岩石地貌，世界范围内的方山均属于岩石地貌。

作为方山中的一员，“崮”的顶部平展开阔，峰巅周围峭壁如削，峭壁下面坡度由陡到缓，一般为20°~35°，峭壁高度10~100 m不等。在我国，这种崮形地貌广泛分布于山东省中南部山区，多呈帽、桌、鸡冠、驼峰等状，成群耸立，千姿百态，雄伟峻拔，地貌特征典型，一向有“七十二崮天下奇”之说。而崮形地貌在蒙阴县岱崮镇最为集中，有30多个，其数量之多，形态之美，不仅在中国大地上独一无二，就是在世界范围也属罕见。

2007年8月，来自北京大学、中国科学院地理科学与资源研究所、中国地质大学、青岛大学等的7位全国权威地质地貌专家组成的评委会将以“沂蒙七十二崮”为代表的典型崮形地貌命名为“岱崮地貌”。山东地区的“岱崮地貌”是继嶂石岩地貌、张家界地貌、丹霞地貌、喀斯特地貌之后我国第5种典型的岩石地貌类型（图1-8至图1-12）。

图1-8 嶂石岩地貌

图1-9 张家界地貌

图1-10 丹霞地貌

图1-11 喀斯特地貌

图1-12 岱崮地貌

结构形态的独特性

从外部结构形态看，嶂石岩地貌、张家界地貌、丹霞地貌、喀斯特地貌的山体大多呈统一岩层分布，均没有明显的界限划分，而崮形地貌结构形态比较独特。以岱崮为例，整个崮可分为崮顶和崮体两层，下部为相对软弱易蚀岩层，上部为非常致密的抗蚀岩层，具有典型的“二元结构”（图1–13）。

图1–13 典型的“二元结构”

——地学知识窗——

嶂石岩地貌

Zhangshiyan-type landscape，砂岩地貌景观的一种代表性类型。在中国华北温带半干旱半湿润气候区域内，由元古宇石英岩状砂岩为成景母岩，以构造抬升、重力崩塌作用为主形成的，以巨型长崖、阶梯状“栈”崖、箱形嶂谷、瓮谷（Ω形半圆弧形谷）、峡谷、方山、排峰、柱峰等造型地貌为代表的地貌景观。以河北赞皇嶂石岩发育典型而得名。

张家界地貌

Zhangjiajie-type landscape，是砂岩地貌景观的一种独特类型。它是“在中国华南板块大地构造背景和亚热带湿润区内，由产状近水平的中、上泥盆统石英砂岩为成景母岩，以流水侵蚀、重力崩塌、风化等营力形成的，以棱角平直的高大石柱林为主，以及深切嶂谷、石墙、天生桥、方山、平台等造型地貌为代表的地貌景观”。湘西泥盆纪砂岩风化呈峰丛状。

丹霞地貌

Danxia landform，层厚、产状平缓、节理发育、铁钙质混合胶结不匀的红色砂砾岩，在差异风化、重力崩塌、侵蚀、溶蚀等综合作用下形成的城堡状、宝塔状、针状、柱状、棒状、方山状或峰林状的地形。此类地形因在广东仁化北部附近的丹霞山发育典型而得名。此外，在广东北部罗昌、坪石、南雄一带，福建的永安、泰宁、崇安的武夷山，浙江永康的方岩，四川灌县的青城山，河北承德附近等红色砂砾岩分布区，多呈现这种地貌。

喀斯特地貌

Karst landform，是具有溶蚀力的水对可溶性岩石（*大多为石灰岩*）进行溶蚀作用等形成的地表和地下形态的总称，又称溶岩地貌，如石芽、溶沟、溶斗、峰林、溶洞等。除溶蚀作用以外，还包括流水的冲蚀、潜蚀以及坍陷等机械侵蚀过程。

“喀斯特”（Karst）一词源自伊斯特拉半岛碳酸盐岩高原，意为岩石裸露的地方，“喀斯特地貌”因近代喀斯特研究始于该地而得名。中国岩溶地貌分布极广，但因气候条件和岩性差异，造成岩溶地貌的地区性特征也不同，如华南地区气候湿热，厚层灰岩出露区岩溶充分发育，多形成以峰林为代表的裸露型岩溶地貌；而华北地区因气候较干燥，厚层灰岩区多形成以常态山为代表的岩溶地貌。我国云贵高原、湖南南部郴州等地区属于典型的喀斯特地貌区。

物质组成的宽泛性

嶂石岩地貌是主要由中元古代长城纪红色石英砂岩组成的红崖长墙砂岩地貌，张家界地貌主要是形成于泥盆系的砂岩峰林地貌，丹霞地貌是以砾岩、砂砾岩、砂岩为主的岩层平缓、岩壁陡峻的陆相红层地貌，喀斯特地貌是大范围分布的可溶性岩石，如碳酸盐岩、硫酸盐岩、卤化盐岩在流水作用下溶蚀形成的岩溶地貌。前三种以物理侵蚀成因为主，后一种以化学侵蚀成因为主。岱崮地貌是寒武系灰岩构成的集群分布的方山地貌，虽然可溶性岩石为其地貌主体，但是以物理侵蚀作用为其主要成因。

前四种岩石地貌物质组成相对比较单一，而由于崮形地貌独特的二元结构，其物质组成类型较多，有砂岩、石膏、厚层碳酸盐岩、页岩、火山岩、泥灰岩等。

地理分布的局域性

以嶂石岩地貌命名的嶂石岩国际级风景名胜区主要分布于河北省中南部赞皇县太行山深山区。除景区外，嶂石岩地貌主要分布在太行山的中南段，如井陉的苍岩山，河南的红旗渠、方台山，山西的九龙关和五峰山。

张家界地貌是砂岩地貌的一种独特类型，是由近水平的中、上泥盆统石英砂岩为成景母岩，以流水侵蚀、重力崩塌、风化等地质作用形成的，以棱角平直的高大石柱林为主，以及深切嶂谷、石墙、天生桥、方山、平台等造型地貌为代表的地貌景观，主要分布于张家界境内。

不同于嶂石岩地貌和张家界地貌这两种砂岩地貌，丹霞地貌在我国有广泛的分布，基于其分布可划分为三个区域：东南丘陵一带的众多中小型红层盆地，如广东丹霞盆地、江西信江盆地、湘桂交接的资新盆地等；西南的四川盆地，为一个大型紫红色砂页岩盆地；西北一带的河湟谷地、陇中盆地等中小型红层盆地。

由于喀斯特地貌以化学溶蚀为主，有赖于湿热的气候，位于热带、南亚热带湿热气候区，碳酸盐岩沉积厚度达到1万m以上的西南地区，是我国喀斯特旅游景观的主要分布区，以贵州、广西和云南东部为主体，包括了四川、重庆、湖北、湖南的一部分，典型景区如广西桂林、云南石林等。喀斯特地貌区还包括北方岩溶区，如山西高原到辽宁一线、西藏高寒岩溶区，但高寒区由于受气候限制，岩溶景观发育不理想。

以“岱崮地貌”命名的崮形地貌不如丹霞地貌和喀斯特地貌分布那么广泛，在国内分布相对比较集中，主要在山东省的临沂、淄博、潍坊、济南、枣庄等地，浙江和河北有零星分布；在国外，北美洲、非洲等有少量分布，具有显见的地域性。

——地学知识窗——

岩 溶

水对可溶性岩石（碳酸盐岩、硫酸盐岩、卤化物岩等）进行以化学溶蚀作用为特征（并包括水的机械侵蚀和崩塌作用，以及物质的携出、转移和再沉积）的综合地质作用，以及由此所产生的现象的统称，叫作岩溶，英文名称为“karst”，即喀斯特。可溶性岩石有3类：碳酸盐类岩石（石灰岩、白云岩、泥灰岩等）、硫酸盐类岩石（石膏、硬石膏和芒硝）、卤盐类岩石（钾、钠、镁盐岩石等）。地球上的可溶性岩石以石灰岩为最多，其分布面积约占地球陆地面积的15%。中国的岩溶现象，远在晋代（265—420）就有文字记载。在17世纪初，明代地理学家徐霞客（1587—1641）考察了湖南、广西、贵州、云南一带的岩溶地貌，探寻了300多个洞穴，详细记述了岩溶地区的地貌特征。1966年，中国第二次喀斯特学术会决定将“喀斯特”一词改为“岩溶”。1981年在山西召开的“北方岩溶学术讨论会”上，议定“岩溶”和“喀斯特”二者可通用。

从热带到寒带、由大陆到海岛都有喀斯特地貌发育。较著名的区域有中国广西、云南和贵州等省（自治区），越南北部，斯洛文尼亚狄那里克阿尔卑斯山区，意大利和奥地利交界的阿尔卑斯山区，法国中央高原，俄罗斯乌拉尔山，澳大利亚南部，美国肯塔基和印第安纳州，古巴及牙买加等地。中国喀斯特地貌分布广、面积大，主要分布在碳酸盐岩出露地区，面积91万～130万km^2，其中以广西、贵州和云南东部所占的面积最大，是世界上最大的喀斯特区域之一；西藏和北方一些地区也有分布。

崮的分类

前已述及，崮及崮形地貌不仅在中国有，在美国、西班牙、阿根廷、北部非洲、南部非洲、阿拉伯半岛、印度、澳大利亚等许多地方都有发现，只是称谓上有所差别。我们参考中国科学院地理科学与资源研究所张义丰和王随继等专家教授对岱崮地貌的研究成果，以崮形地貌比较集中的岱崮地区的崮为主，结合世界范围内的方山地貌，看看崮都有哪些类型。

按照崮体岩性分类

岩石按照成因划分三种基本类型：岩浆岩、沉积岩和变质岩。

岩浆岩（Magmatic rock），又称火成岩。岩浆是在地壳深处或上地幔产生的高温炽热、黏稠、含有挥发分的硅酸盐熔融体。岩浆岩是由岩浆喷出地表或侵入地壳冷却凝固所形成的岩石，有明显的矿物晶体颗粒或气孔，约占地壳总体积的65%。现在已经发现700多种岩浆岩，其中常见的有花岗岩、安山岩及玄武岩等。

沉积岩（Sedimentary rock），是在地表和地表以下不太深的地方形成的地质体。它是在常温常压下，由母岩的风化产物或由生物作用和某些火山作用所形成的物质，经过水流或冰川的搬运、沉积、成岩等地质作用形成的层状岩石，又称水成岩。在地表，有70%的岩石是沉积岩，但在从地球表面到16 km深的整个岩石圈中，沉积岩只占5%。沉积岩种类很多，其中最常见的是页岩、砂岩和石灰岩，合计占沉积岩总数的95%。

组成地壳的各种岩石所处的地质环境若发生巨大变化（如地壳运动、岩浆活动或地球内部热流变化等），会破坏岩石原来的平衡状态，使之在矿物成分、结构、构造，甚至在化学成分等方面也发生变化，而形成一种新的岩石类型。这种由地球内力作用引起的，原岩产生变化和再造的地质作用，称为变质作用；由变质作用形成的岩石，叫作变质岩（Metamorphic rock）。常见的变质岩有大理岩、石英岩。

三大类岩石综合特征见表1-1。

表1-1　　三大类岩石综合特征简表

特点		岩浆岩	沉积岩	变质岩
分布情况	按重（质）量	岩浆岩和变质岩：95%	5%	
	按面积	岩浆岩和变质岩：25%	75%	
	最常见的岩石	花岗岩、玄武岩、安山岩、流纹岩	页岩、砂岩、石灰岩	片麻岩、片岩、千枚岩、大理岩等（区域变质岩最多）
产状		侵入岩：岩基、岩株、岩盘、岩床、岩墙等；喷出岩：熔岩被、熔岩流等	层状产出	多随原岩产状而定
结构		大部分为结晶质的岩石：粒状、似斑状、斑状等；部分为隐晶质、玻璃质	碎屑结构（砾、沙、粉沙）；泥质结构；化学岩结构：微小的或明显的结晶粒状、缅状、致密状、胶体状等	重结晶岩石：粒状、斑状、鳞片状等各种变晶结构
构造		多为块状构造；喷出岩常具气孔杏仁、流纹等构造	各种层理构造：水平层理、斜层理、交错层理，常含生物化石	大部分具片理构造：片麻状、条带状、片状、千枚状、板状；部分为块状结构（大理岩、石英岩、角岩、夕卡岩等）
矿物成分		石英、长石、橄榄石、辉石、角闪石、云母等	除石英、长石外，富含黏土矿物、方解石、白云石、生物碎屑、有机质等	除石英、长石、云母、角闪石、辉石等外，常含变质矿物，如石榴子石、滑石、石墨、红柱石、硅灰石、透闪石、透辉石、夕线石、十字石等

世界范围内的方山绝大多数是由岩石构成，崮也不例外，也是由岩石构成，只是其岩石岩性有所不同。世界各地一些典型方山在形态或造型方面具有共性，在形成演化中都经历了内外动力作用，同时具有下部相对软弱的易蚀岩层和上部非常致密的抗蚀岩层的“二元结构”，上部致密岩层可以称作为方山“标志层”或者“方山帽”。当然，不同的方山其“标志层”的岩性有较大的差异。

根据“标志层”岩性的不同，可将方山分为四种类型：

砂岩方山

由坚固的沉积砂岩构成其标志层，以美国峡谷国家公园的天空之岛和南非桌山为代表。

蒸发岩方山

由蒸发作用形成的致密岩层构成其标志层，以美国俄克拉荷马州格拉斯山的方山为代表。

火山岩方山

由火山作用形成的致密岩层构成其标志层，以浙江温岭大溪方山为代表。

碳酸盐岩方山

以岱崮地区厚层海相碳酸盐岩为方山标志层的聚集型崮可以划分为第四类方山——岱崮地貌。

按照崮体结构分类

按照崮体碳酸盐岩层数不同，我们可以将岱崮地区的崮体分为单一厚层崮、双层叠置崮和多层叠置崮。

单一厚层崮

这类崮的崮壁仅出现巨厚单层碳酸盐岩体，表明崮体在边壁的崩塌后退过程中没有出现分异作用，也表明该套岩体比较纯，崮体没有沉积如页岩等软弱易蚀性地层。在岱崮地区，这类崮体最为常见，处于主导地位。

——地学知识窗——

砂　岩

砂岩（Sandstone）结构稳定，通常呈淡褐色或红色，主要含硅、钙、黏土和氧化铁。砂岩是一种沉积岩，主要由沙粒胶结而成的，其中沙粒含量要大于50%。绝大部分砂岩是由石英或长石组成的。主要成分石英占52%以上；黏土占15%左右；针铁矿占18%左右；其他物质占10%以上。

世界上已被开采利用的有澳洲砂岩、印度砂岩、西班牙砂岩、中国砂岩等。其中色彩、花纹最受建筑设计师欢迎的是澳洲砂岩。澳洲砂岩是一种生态环保石材，具有无污染、无辐射、无反光、不风化、不变色、吸热、保温、防滑等特点。

蒸发岩

蒸发岩（Evaporate）是一种化学沉积岩。由湖盆、海盆中的卤水经蒸发、浓缩，盐类物质依不同的溶解度结晶而成。海湾、潟湖和大陆上的干燥地区是蒸发岩形成的有利环境。主要由氯化物（石盐、钾盐等）、硫酸盐（杂卤石、石膏等）、硝酸盐（钾、钠、硝石等）和硼酸盐（硼砂等）组成。按成分可分为石膏和硬石膏岩、盐岩、钾镁质岩等。寒武纪、志留纪、泥盆纪和二叠纪是世界上重要的蒸发岩形成时期，中国则以三叠纪、白垩纪和第三纪为主。

蒸发岩中最常见的盐类矿物有天然碱、苏打、芒硝、无水芒硝、钙芒硝、石膏、硬石膏、石盐、泻利盐、杂卤石、光卤石和钾石盐；有的盐湖中还有固体硼砂矿物或含硼、溴、碘的卤水。蒸发岩一般具有结晶结构，有时可再结晶为数毫米甚至数厘米的巨晶结构。一般是层状构造，往往也呈角砾状、泥砾状的次生构造，并形成盐溶角砾岩。

火山岩

火山岩（Volcanic rock）是由地表或非常接近地表的火山作用所形成的各种岩石，既包括细粒的、隐晶质的或玻璃质的熔岩和火山碎屑岩，又包括与火山作用有关的潜火山岩。依火山喷发环境可区别为海底和陆。海底喷发通常在大洋中脊或大洋岛屿发生，它与海相沉积物一般呈整合接触关系。陆相喷发通常是在构造运动后期发生，与下伏的岩层多呈不整合接触关系，其中也可夹有沉积岩。

双层叠置崮

这类崮体由下部巨厚层碳酸盐岩和上部厚层碳酸盐岩两层岩体构成岩壁，其中上层碳酸盐岩崩塌后退比下层更迅速一些，使得崮壁出现上薄下厚的两层台阶。一般情况下，在这两层碳酸盐岩岩层之间存在或薄或厚的易蚀岩层。

这类崮在岱崮地区较为常见，如油篓崮就是侵蚀不一的两层碳酸盐岩岩层构成的形态，安平崮、板崮等也属于这类崮。

多层叠置崮

它是崮体由两层以上厚层碳酸盐岩岩层构成的崮。这类崮在岱崮地区极为罕见，在野外考察过程中仅发现小油篓崮具有这类崮的特征，崮体由三层厚层碳酸盐岩构成，说明这些碳酸盐岩岩层之间同样存在易于被侵蚀的软弱岩层。

按照崮体发育阶段分类

根据地貌发育的背景（包括崮体顶部形态特征和崮体平面形态空间分布特征）、崮体成型的条件（包括保存条件、形变特征等）等，将崮分为发育期（少年期）、成长期（青年期）、成熟期（中年期）和衰老期（老年期）等大类。上述分类仅仅针对岱崮地区崮体的形成演化，而不是针对当地的地貌演变。

发育期崮

在岱崮地区，这类崮暂时还不能称为崮，不包含在岱崮地区境内已知的30个崮中。这类崮出露区域连续或不连续，周边是不闭合的厚层碳酸盐岩悬崖，是崮体边缘的雏形。碳酸盐岩悬崖以上地层的厚度和其以下至区域侵蚀基准面的地层厚度大致相当，随着出露层位所在位置的不同和地表形变，这些条带状碳酸盐岩悬崖在空间上展现出不规则的带状特征。该套碳酸盐岩地层具体岩性为石灰岩。这类崮体处于地貌发展演化的中年期，但作为岱崮地貌来说，它却处在崮体形成演变的初期，可以称之为崮体的发育期（图1–14）。

图1–14　发育期崮

成长期崮

这类崮表现出的主要特征是：崮的

位置基本位于山体或丘陵的上部地段和近顶部，崮体四周呈现出陡直的碳酸盐岩崮体悬崖，并且该悬崖在周围空间上具有连续性，其中大部分呈现出闭合特征。但是，在碳酸盐岩崮体之上，仍然分布着不同岩性剥蚀或风化而成的松散堆积物构成的丘陵状地貌形态，这些崮体之上的丘陵少则一个，多则数个，高低不一。这种类型的崮以莲花崮（5个以上丘陵顶，图1-15）和大崮（3个丘陵顶）最具代表性。这类崮今后的发展主要体现在两个方面：一是崮上丘陵的进一步剥蚀和夷平；二是周边崮壁的持续坍塌后退使崮体面积不断缩小、崮体平面形态由繁杂变为简单，直至呈现最典型的崮体。

图1-15 成长期崮

成熟期崮

这类崮是崮体形成演变过程中最典型的阶段，基本特征是：崮体基本完全由巨厚层碳酸盐岩构成，顶部多为平坦或较平坦且大多出露碳酸盐岩的剥蚀面，少许为风化物覆盖的低缓丘陵状。崮壁厚度是现有各类崮中最厚者，而崮体平面形态是所有崮体中最为简单的，常常呈现近似方形、圆形、圆角三角形或多边形形态。从远方观看，多似方山，形态如“崮”，这也是岱崮得名之所依。

衰老期崮

这类崮体由于丘陵顶部很尖或者山脊很窄及两侧很陡，崮体崩塌严重，残余崮体为滞留大块石等，顶部不平坦，边壁不规则。是原有崮体演变到消亡阶段，大多已经解体，是为崮之衰老期。这类崮体在以后的剥蚀崩塌的持续作用下，其碳酸盐岩崮体的形态及其构成物质都会逐渐消失，成为尖顶的页岩山，侧面观之如锥形山体（图1-16）。

图1-16 衰老期崮

按照崮体的位置特征分类

崮都位于山脊或山丘顶，按照崮体所处的位置不同，可以将崮分为孤丘崮、山脊崮、山岔崮等。

孤丘崮

孤丘崮位于相对独立的丘陵顶部，是孤丘周边都经受持续侵蚀作用过程中逐渐形成的。这类崮体以页岩为主的基座和崮体大致呈现比较典型的锥形体，锥形体顶部是巨厚层碳酸盐岩构成的崮体，崮体四壁较陡，顶部较为平缓，平面形态较为简单，也是更像方山的崮。如岱崮地区的北岱崮、南岱崮。

山脊崮

山脊崮就是位于山梁脊部的崮，因为山脊长而弯折，沿山脊两侧不同部位的侵蚀速率不同使得山脊宽度和高度出现差异，这种结果会导致出露于山脊上的巨厚层碳酸盐岩层被沿纵向分割成不同大小、不同长度和不同宽度的碳酸盐岩区段，从而形成断续分布的不同碳酸盐岩崮体。岱崮地区的山脊崮最为发育和常见。

山岔崮

顾名思义，山岔崮是出现在山脊分岔处的崮，由于受两条主沟谷控制的山脊在一些地方出现新的沟道侵蚀，使山体出现分化并形成小型的新山脊，当这些沟道侵蚀到构成崮体的那层巨厚层碳酸盐岩岩层时，会使该岩层分岔，持续的侵蚀使得分岔的碳酸盐岩逐渐形成分岔形状的崮体。这类崮体不常见，岱崮地区的莲花崮是这类崮体的典型代表。

崮的价值

纵观全球的崮，无不真真切切地存在于世间，经历过大自然的鬼斧神工，经历过天地间的沧海桑田。它记录了所在区域的古地理、古气候、古生物、古构造等多方面的地质信息，记录了与人类的历史活动有关的诸多踪迹，拥有众多罕见的、美轮美奂的、不可再生的地貌景观，具有很高的景观综合价值。

地学价值

就像历史学家把人类的历史划分为不同时期（如我国的唐、宋、元、明、清）那样，地质学家按地球所有岩石形成时代（时间）的先后，建立了一套年代地层单位系统（表1-2）。就像每一个人类历史时期都占据人类历史的一定时间间隔

表1-2　中国地层表简表（全国地层委员会审定，2012年8月发布）

宇	界	系	统	阶	地质年龄（Ma）
显生宇	新生界	第四系	全新统	未建阶	0.0117
			更新统	萨拉乌苏阶	0.126
				周口店阶	0.781
				泥河湾阶	2.5886
		新近系	上新统	麻则沟阶	3.6
				高庄阶	5.3
			中新统	保德阶	7.25
				灞河阶	11.6
				通古尔阶	15.0
				山旺阶	
				谢家阶	23.03
		古近系	渐新统	塔本布鲁克阶	28.39
				乌兰布拉格阶	33.80
			始新统	蔡家冲阶	38.87
				垣曲阶	42.67
				伊尔丁曼哈阶	
				阿山头阶	
				岭茶阶	55.8
			古新统	池江阶	61.7
				上湖阶	65.5
	古生界	白垩系	上白垩统	绥化阶	79.1
				松花江阶	86.1
				农安阶	99.6
			下白垩统	辽西阶	119
				热河阶	130
				冀北阶	145.5

宇	界	系	统	阶	地质年龄（Ma）
显生宇	古生界	侏罗系	上侏罗统	未建阶	
			中侏罗统	玛纳斯阶	
				石河子阶	
			下侏罗统	硫黄沟阶	
				永丰阶	199.6
		三叠系	上三叠统	佩枯错阶	
				亚智梁阶	
			中三叠统	新铺阶	
				关刀阶	274.2
			下三叠统	巢湖阶	251.1
				印度阶	252.17
		二叠系	乐平统	长兴阶	254.14
				吴家坪阶	260.4
			阳新统	冷坞阶	
				孤峰阶	
				祥播阶	
				罗甸阶	
			船山统	隆林阶	
				紫松阶	299
		石炭系	上石炭统	逍遥阶	
				达拉阶	
				滑石板阶	
				罗苏阶	318.1
			下石炭统	德坞阶	
				维宪阶	
				杜内阶	359.58

宇	界	系	统	阶	地质年龄（Ma）
显生宇	古生界	泥盆系	上泥盆统	邵东阶	
				阳朔阶	
				锡矿山阶	
				佘天桥阶	385.3
			中泥盆统	东岗岭阶	
				应堂阶	397.5
			下泥盆统	四排阶	
				郁江阶	
				那高岭阶	
				莲花山阶	416.0
		志留系	普里多利统	未建阶	418.7
			拉德洛统	卢德福德阶	
				戈斯特阶	422.9
			文洛克统	侯默阶	
				申伍德阶(安康阶)	428.2
			兰多弗里统	南塔梁阶	
				马啼湾阶	
				埃隆阶(大中坝阶)	
				鲁丹阶(龙马溪阶)	443.8
		奥陶统	上奥陶统	赫南特阶	445.6
				钱塘江阶	
				艾家山阶	458.4
			中奥陶统	达瑞威尔阶	467.3
				大坪阶	470.0
			下奥陶统	益阳阶	477.7
				新厂阶	485.4
		寒武系	芙蓉统	牛车河阶	
				江山阶	
				排壁阶	497
			第三统	古文阶	
				王村阶	
				台江阶	507
			第二统	都匀阶	
				南皋阶	521
			纽芬兰统	梅树村阶	
				晋宁阶	541.0

续表

宇	界	系	统	阶	地质年龄（Ma）
元古宇	新元古界	震旦系	上震旦统	灯影峡阶	550
				吊崖坡阶	580
			下震旦统	陈家园子阶	610
				九龙湾阶	635
		南华系	上南华统		660
			中南华统		725
			下南华统		780
		青白口系			1 000
	中元古界	待建系			1 400
		蓟县系			1 600
		长城系			1 800
	古元古界	滹沱系			2 300
		?			2 500
太古宇	新太古界				2 800
	中太古界				3 200
	古太古界				3 600
	始太古界				4 000
冥古界					4 600

或段落，包含一定的人类活动内容和事件那样，每一个时间地层单位包括这个时间间隔内在地球上所形成的所有岩石和与其相关的地质事件。

按国际地质科学联合会（IUGS）和国际地层委员会（ICS）的规定，全球统一地质时代（年代）表要通过建立全球不同时代（年代）地层单位界线层型和点位（GSSP，俗称“金钉子”，图1–17）的方式来建立，以便于按统一时间（时代）标准去理解、解释、分析和研究世界不同地区同一时间内发生的或形成的各类地质体（岩石、地层等）及地质事件及其相互关系。全球地层年表中一共有“金钉子”110颗左右，截至2013年4月，已经正式确立的有65颗，其中中国有10颗。

——地学知识窗——

金钉子

地质学上的“金钉子”实际上是全球年代地层单位界线层型剖面和点位（GSSP）的俗称。金钉子是国际地层委和地科联，以正式公布的形式所指定的年代地层单位界线的典型或标准。它是为定义和区别全球不同年代（时代）所形成的地层的全球唯一标准或样板，在一个特定的地点和特定的岩层序列中标出，作为确定和识别全球两个时代地层之间的界线的唯一标志。

就总体而言，全球对崮及崮形地貌的研究还处于初级阶段，仅局限于单个崮或单区域崮及崮形地貌的探索性研究，还缺乏必要的地质、地层等详细的科学数据归结，没有非常系统和全面的研究成果问世。在国内，要说世界知名的地质学名山，那就不得不提济南市长清区张夏镇境内的馒头崮了。馒头崮作为一处生物地层、年代地层、岩石地层、层序地层最完整的寒武纪地层层型剖面，成为中国寒武纪地质结构划分的标准山，被地质界公认为中国地质名山，可谓是“中国的金钉

图1–17　标记埃迪卡拉时期的“金钉子”

子”，其地学意义世界闻名。那么，随着以崮形地貌最为集中的岱崮镇命名的岱崮地貌——中国第五大岩石地貌为世人所知，定会引起学术界的广泛关注，在不久的将来，在岱崮地区发现另一颗“中国的金钉子”也不是没有可能。

图1-18　岱崮镇卧龙崮上的石臼和石棋盘

文化价值

很多崮都曾有人类活动的痕迹，有着丰富的崮顶文化、山寨文化、军事文化遗存。俗话说，“一方水土养一方人。”这为研究崮所在地域的人类经济、社会活动等提供必要的参考，为研究当地风俗民情的形成、宗教信仰的演变、人文历史的发展提供必要的历史佐证，具有极高的社会科学文化价值。

红色文化、历史文化、民俗文化、饮食文化、军工文化、知青文化、三线文化和生态文化等构成了丰富的“崮乡”文化资源。

山东省蒙阴县岱崮镇特殊的地域文化，被史学界称为崮顶文化。这些崮顶上，遍布文化遗迹景观，如石磨、石碾、石棋盘（图1-18）、石舂、石寨门、石寨墙、石屋等等，其主要形态是山寨文化。山寨文化遗迹，由人居、防御、生活三部分组成。岱崮崮顶文化，对于地质学、考古学、史学均有重大研究价值；同时，作为一笔文化财富，也是一种特有的旅游资源。游人踏上崮顶，漫步于残垣断壁间，穿行于古堡暗道里，温故访古，觅奇探险，定会思绪万千，热血沸腾，那爱国之情怀、民族之气节、英雄之豪气无不油然而生。

这里的古寨、古堡及人文历史可上溯到西汉初期；革命战争年代著名的龙须崮暴动、两次南北保卫战、大崮保卫战、三宝山血战等战斗也都发生在这里，近代军事文化的积淀使崮顶文化更加灿烂。

美学价值

崮形地貌是大自然艺术构图的一角，具有“奇、秀、幽、险”的景观效果，是体味人文景观之美的奇妙家园，具有鲜明的景观美学价值。可以说，“崮”非常“Good”。

崮形地貌景观资源丰富，类型多样，单一崮体不仅具有浓郁的地域人文景观资源，又使得自然与人文景观相得益彰，构成了整体景观的资源系统。而地貌景观的集群分布，不仅使单一的崮体具有较高的品位，而且崮与崮之间又形成了整体的自然组合，既能充分体现单个崮体景观的价值，又能使崮群的整体景观美学价值得到了提升，如山东蒙阴的岱崮地貌（图1-19）。沂蒙女作家冯增芹在《岱崮纪行》中有这样的描述：“独特的岱崮地貌，势美峰奇，走进去，就融进那种纯美的意境里。崮顶平阔，四周刀削绝险的石峰，引人停不下脚步。虽然不是地质学家，但很想去好好探究一番。独具特色的地形山势，随处生长的珍奇物种，让人在这里感到新鲜和惊喜，探索的乐趣，让人忘了归途……”岱崮地貌美不胜收，让人流连忘返，美学价值可见一斑。

科普价值

崮的各种地貌要素齐全，微地貌景

图1-19 崮乡美（王平摄）

观丰富多样，褶皱、断层等地质现象典型清晰，地层沉积韵律特征明显，含有丰富的生物化石，是地质演化与地貌形成的绝佳科学研究场所，具有较高的地层学、古生物学、岩石学、构造学、沉积学、地貌学及世界自然遗产价值。

崮形地貌景观多彩多姿，是展示海陆变迁、构造运动、沉积建造等地学内容的科普基地，是展示当地人文历史等社会科学内容的科普基地。通过崮形地貌的科学普及教育功能，可以增强人们有关世界自然遗产保护保存、生物多样性保护、生态环境维系与民俗文化传承等方面的科学知识和科学方法，宣传人与自然和谐共处的环保理念，使保护世界自然遗产地、保育有益生物、保护生态环境、弘扬民族文化成为一种自觉行为。

旅游价值

全球范围内比较典型的崮及崮形地貌，现多已成为当地乃至世界闻名的旅游景点，如美国西部高原的天空之岛、南非桌山、浙江温岭大溪方山、山东沂水天上王城、山东枣庄抱犊崮、山东蒙阴岱崮地貌等，吸引了世界各地的专家、学者以及大量的游客，自然而然地就会促进当地观光、探险、科考以及住宿、餐饮、声誉、影响力等的发展，促进当地经济、文化、社会的繁荣。这主要源自崮形地貌的奇秀、险峻、绚丽和神秘。旅游价值是其地学价值、文化价值、美学价值和科普价值所带来的经济价值的直接体现。

岱崮地貌蕴含着巨大的科学研究和文化学术价值，具有可开发性。

Part 2 崮因揭秘

崮是特殊的岩石在特殊地质环境条件下形成的特殊地貌形态，其形成过程显示了大自然的鬼斧神工和神奇造化。

岩石构筑崮形地貌

岩石是形成山地地貌的物质基础，除黄土地貌外，任何山体都是由岩石构成的。

岩石的主体作用

岩石是地球上部（地壳和上地幔）由各种地质作用形成的、由一种或几种矿物组成的、具有一定结构构造的矿物集合体。就山体形成而言，可根据组成岩石的矿物在水中的溶解性把岩石分为可溶性岩石和不可溶性岩石。

可溶性岩石是含有易溶解矿物组分的岩石。此类岩石含有易溶解的矿物，如碳酸盐类岩石（石灰岩、白云岩、大理岩）、硫酸盐类岩石（石膏）及卤化物岩（石盐岩）等，还有盐岩、钾盐等。由于岩盐和钾盐溶解度大，分布也很局限，一般是在干旱气候区形成盐壳地貌。而灰岩和白云岩分布广泛，厚度大，经过水的溶蚀作用可形成奇特的岩溶地貌，如广西桂林、云南石林、北京石花洞等地貌。灰岩的纯度越高，越容易形成岩溶地貌。而在干旱、半干旱条件下，风化作用中占主导地位、厚度不大的石灰岩与砂质泥岩相间出现时，根据地层产状，可形成单面山、平顶山等地貌。

不可溶性岩石类型很多，这类岩石经水、风、冰川等动力改造后，可形成各种各样的地貌。如花岗岩经过风化作用和流水的侵蚀作用可形成千奇百态的地貌，常以奇为特征，如黄山、三清山地貌；若是红色砂岩、砂砾岩、砂质泥岩等，在南方地区经地面流水的侵蚀作用可形成类似岩溶地貌的“丹霞地貌”；如果是坚硬的石英岩、石英砂岩，可形成险峻的地貌，如湖南的张家界；若是软硬岩石相间的沉积岩，可形成阶梯状、塔状地貌。

构筑崮形地貌的岩石种类比较多，有石灰岩、花岗岩、砂岩等等，既有不可溶性岩石，也有可溶性岩石。

节理的控制作用

除岩石的成分对地貌形态有控制作用外，岩石的结构构造尤其是岩石中的节理，对地貌形态也起着控制作用。

岩石的均一程度越高，越有利于形成规模较大、气势宏伟的地貌，如由花岗岩、石灰岩、石英岩等构成的地貌。在沉积岩中，厚层状的岩石比薄层状岩石有利于形成规模较大的地貌。若是厚薄岩层相间，易形成阶梯状地貌或塔状地貌。

花岗岩地貌的奇特与岩石发育的3组原生节理有关，风化作用和流水侵蚀作用沿节理发展，形成各种形态的地貌。在石灰岩地区，节理既控制了地下水的溶蚀方向，也控制了崮形地貌的形成。

地质作用塑造崮形地貌

地球表面有耸立的高山和低洼的平地，有植被繁茂的绿洲和浩瀚无垠的海洋。看起来，它们似乎是静止不变的。其实，它们无时无刻不在受着各种作用，都是处在不断运动、变化和发展之中的。地质学中把产生这种作用的力量称为地质营力（地质动力）。地质营力导致地壳的物质成分、地壳构造和地表形态等发生变化的作用，称为地质作用。

地质作用包括内动力地质作用和外动力地质作用（图2-1）。

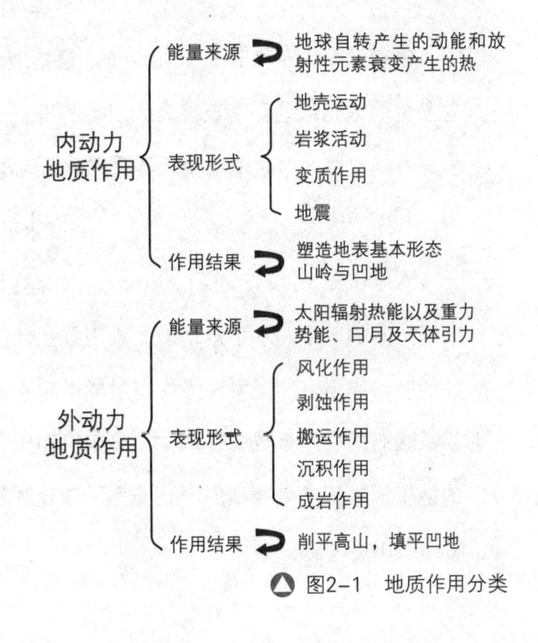

图2-1　地质作用分类

内动力地质作用

内动力地质作用是地球或地壳变化发展的根本动力。内动力地质作用可分为构造运动（或称地壳运动）、地震运动、岩浆作用和变质作用等四种方式，其中又以构造运动最为重要。构造运动常引起岩浆活动、变质作用，而地震也主要是由构造运动产生的岩石断裂引起的。

构造运动按其运动方向可分为垂直运动和水平运动两类（图2-2）。

图2-2 垂直运动（左）和水平运动（右）示意图

——地学知识窗——

构造运动

构造运动（Tectonism， tectonization）是指主要由地球内部能量引起、导致地壳或岩石圈的物质发生变形和变位的机械运动。构造运动的结果主要表现为隆起和坳陷、褶皱和断裂。一方面引起地表形态的剧烈变化，如山脉形成、海陆变迁、大陆分裂与大洋扩张等，一方面为外动力地质作用创造了物质条件。

垂直运动

垂直运动（Vertical movement）是指地壳或岩石圈物质垂直于地表，即沿地球半径方向发生的地壳运动，常表现为大规模的垂直上升、下降或升降交替运动。它可造成地表地势高差的改变，引起海陆变迁等。因此，这类运动常称为造陆运动。

水平运动

水平运动（Horizontal movement）是指地壳或岩石圈物质平行于地表，即沿地球球面切线方向的运动。水平运动地质表现是：地质体发生大规模的水平位移，地壳物质遭受强烈的挤压作用，广泛发育线性褶皱或逆冲断裂的造山带；或者因伸展作用使岩石圈发生水平拉张而形成地堑或裂谷系；或者因扭动作用而形成区域性剪切构造网络等。因此，传统的地质学常把产生强烈的岩石变形（褶皱与断裂等）并与山系形成紧密相关的水平运动，称为造山运动。

水平运动与垂直运动是构造运动的两个主导方向。实际上，对于某一个地区，常表现为既有水平运动又有垂直运动的复杂情况。

构造运动进行得相当缓慢，不易被人们察觉，但经过漫长的地质年代，却会使地表形态发生显著变化。最近30年的大地测量数据证实，青藏高原地壳上升较快，一般为5～10 mm/a；准噶尔盆地、塔里木盆地及东北三江平原下降较快，一般为2～5 mm/a。地质年代往往以百万年（符号“Ma”）为单位。若年变化速率为5 mm，即小于指甲盖生长的速率，则1 Ma的变化值为5 000 m。5 000 m的高度则对应一个不低的山峰，5 000 m的深度也对应一个不浅的盆地。

构造运动的结果是形成了现有的地质构造。地质构造既能直接形成地貌，也能影响地貌的形成和形态。把由地质构造直接形成的或直接影响的地貌称为构造地貌，如断层崖、向斜谷等。影响地貌形成的地质构造主要包括地层产状、褶皱（图2-3）和断裂。

地层产状直接影响地貌的形态，尤其是地面坡度的变化。水平岩层形成塔状山丘、平顶山，使得山坡的坡度出现陡缓相间的变化。缓倾斜地层形成一侧山坡缓、另一侧山坡陡的单面山。随着地层倾角增大，地形坡度变陡，如果地层中夹有坚硬的岩层，可形成猪背岭。直立岩层常形成陡峻或直立的山坡。

断裂构造造成岩石破碎，形成软弱带，使岩石的抵抗风化和剥蚀能力降低，同时也是地下水存储空间和流通的通道，常形成沟谷地貌。多条正断层组合构成地堑和地垒，在地貌上形成山地或谷地。另外，断层构造可直接形成地貌，如断层面可形成悬崖峭壁，如云南滇池西山、华山、武当山等的一些陡崖。

褶皱类型影响或控制地貌的形成。在背斜形成过程中，其轴部处于拉张状态，形成一系列的断裂和节理，因此，沿轴部经侵蚀剥蚀作用常形成谷地。由于沟谷的两侧边坡与褶皱横剖面的地层弯曲方向相反，这种地貌称为逆构造地貌。但背

图2-3 褶皱

斜也可能形成穹窿或山丘，这种地貌称为顺构造地貌。沿向斜轴部易形成山，也可形成谷地，但比较少见。总的来说，背斜成谷，向斜成山。

外动力地质作用

内动力地质作用控制了地球表面起伏的总格局，外动力地质作用则在此基础上“铲高填低”，欲使地表起伏趋于平坦，二者共同作用，使地球表面产生“沧海桑田”之巨变。外动力地质作用包括风化作用、剥蚀作用、搬运作用、沉积作用和成岩作用。从塑造地貌形象的角度来看，控制地貌景观形成的主要外动力地质作用为风化作用、剥蚀作用和搬运作用。沉积和成岩作用对塑造地貌形象的意义不大。

风化作用

风化作用（Weathering）是岩石的物理性状和化学成分发生变化的过程。作用的营力方式有太阳辐射、水、气体和生物。按岩石风化的性质、方式和特点，风化作用可分为物理风化作用、化学风化作用和生物风化作用。

物理风化（Physical weathering）又称机械风化，是指主要由气温、大气、水等因素的作用引起矿物、岩石在原地发生机械破碎的过程。在此过程中，矿物、岩石的物质成分不发生变化，只是从整体或大块崩解为大小不等的碎块。

化学风化（Chemical weathering）是指岩石在原地以化学变化（反应）的方式使岩石“腐烂”、破碎的过程。化学风化作用的主要因素是氧和水溶液，其进行的方式主要有氧化作用和水溶液作用。在此过程中，不仅岩石发生破碎、崩解，而且在温度及含有化学组分的水溶液影响下，岩石的物质成分也将发生变化，如钾长石被水解后形成高岭土，这与物理风化作用有本质的区别。厚层鲕状灰岩主要成分是$CaCO_3$，在一定的环境下$CaCO_3$将转化为$Ca(HCO_3)_2$（溶于水）而流失，鲕状灰岩层理、节理、微裂隙发育，既是含水层又是透水层，其下部砂岩、页岩为隔水层，形成崮、溶洞、裂谷、泉等地貌景观。

生物风化（Biological weathering）是生物的生命活动引起岩石的破坏作用。覆盖在地球表面的生物圈中存在着无数的生物，它们在活动过程中必然对地球表面的物质产生作用。具体地说，生物是通过物理的和化学的两个方面对岩石进行破坏，因此又可分为生物物理风化作用和生物化学风化作用，但生物化学风化作用更为普遍些。

剥蚀作用

由于风化作用，可以使地表的矿物、岩石分解、破碎，在运动介质（如流水、风等）作用下，就可能被剥离原地。剥蚀作用（Denudation）就是指各种运动的介质在其运动过程中，使地表岩石产生破坏并将其产物剥离原地的作用（图2-4）。剥蚀作用是陆地上一种常见的、重要的地质作用，它塑造了地表千姿百态的地貌形态，同时又是地表物质迁移的重要动力。由于产生剥蚀作用的营力特点不同，剥蚀作用又可进一步划分为地面流水、地下水、海洋、湖泊、冰川、风等的剥蚀作用。

搬运作用

地表风化和剥蚀作用的产物分为碎屑物质和溶解物质。它们除少量残留在原地外，大部分都要被运动介质搬运走。自然界中的风化、剥蚀产物被运动介质从一个地方转移到另一个地方的过程称为搬运作用（Transportation），它是自然界塑造地球表面的重要作用之一。

在搬运过程中，各种物质经受着不断的改造和分选。搬运作用包括水流搬运、海浪搬运、冰川搬运、地下水搬运、风力搬运和生物搬运等，生物搬运作用与前五种类型相比，对塑造地形地貌的意义较小。

在搬运过程中，风化、剥蚀产物的分选现象以风力搬运为最好，冰川搬运为最差。搬运方式主要有推移（滑动和滚动，图2-5）、跃移、悬移和溶移等。

图2-4　剥蚀作用

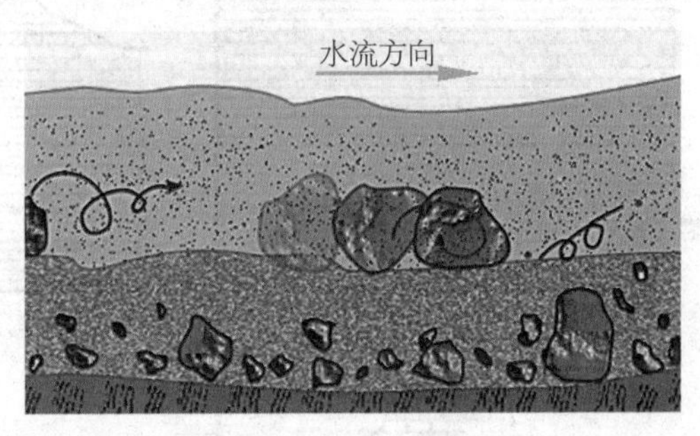

图2-5　滚动搬运

崮形地貌的形成与演化

从全球范围来看，由于区域性岩石岩性、地质作用等不尽相同，崮形地貌（方山地貌）的形成及演化具有一定的个体性。结合中国地层表简表（表1-2），就目前掌握的崮形地貌的研究成果，我们以崮形地貌命名地和发源地——岱崮地区的崮为例，为大家介绍崮形地貌的形成及演化过程。

岱崮地貌的演化包括下述几个重要阶段：合适的沉积环境中形成有利于成崮的岩石地层组合；内动力地质作用导致地层系统抬升并伴随断裂构造；外动力地质作用首先沿断层及软弱地层等对岩层进行风化剥蚀，从而逐渐形成岱崮地貌的雏形；强烈的风化剥蚀使崮顶更加孤立。因此，崮形地貌的形成和演化主要经历四个重要的阶段：沉积阶段、构造抬升阶段、侵蚀剥蚀阶段、崩塌成崮阶段（图2-6）。

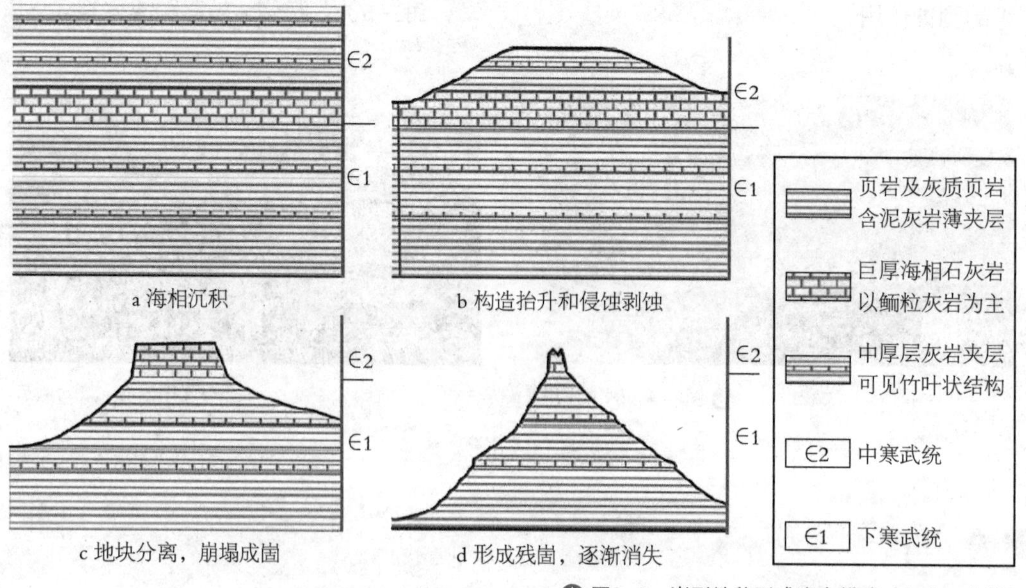

图2-6 崮形地貌形成演变模式（据张义丰等）

沉积阶段

早元古代，鲁西地区地壳演化开始了全域同步沉降，进入了滨海相沉积时期。至徐庄期、毛庄期，沂沭断裂带西侧在潮间带及滨海沙坝环境下沉积了以紫红色页岩为主，夹薄层云泥岩、泥云岩、白云岩、灰岩和砂岩的馒头组，厚度约250 m。该套地层的特征为岩石呈紫红色，泥质胶结，层理发育，抗风化的能力弱。至张夏期，该区海水加深，形成了巨厚的碳酸盐沉积。该组在临沂地层小区内可分为上、中、下三部分。下灰岩段以灰色巨厚层鲕粒灰岩为主，夹少量藻丘灰岩、生物碎屑灰岩，属本区成崮的基本层位。中部为盘车沟段，以黄绿色、灰绿色钙质页岩为主，夹少量薄层泥晶灰岩、生物碎屑灰岩等，厚度55 m左右，属风化软弱层，因抵抗风化作用的能力较弱，被风化剥蚀后有利于平顶山的形成。上灰岩段由厚层藻礁灰岩夹少量鲕粒灰岩、薄层生物碎屑灰岩等构成，鲁西地区该段厚度一般在100 m以上，本区厚度一般为几十米。上述软硬相间地层，是岱崮地貌形成的物质条件。

构造抬升阶段

晚古生代时期，山东全境上升为陆，古气候由温暖潮湿逐渐变为半干旱。在此阶段，鲁西地区虽然整体抬升，但构造运动还相对稳定。尽管如此，地貌上已经出现了明显的高低差异。至中生代三叠纪，受印支运动影响，北北东向的巨型坳陷和隆起开始形成，聊考断裂以东地区继续持续上升剥蚀状态。此后该区一致处于陆相剥蚀区。

中生代晚期，本区处于陆内伸展与地幔隆起伴随大规模岩石圈变薄的大地构造环境之内。地壳的拉张作用不仅形成了大型断裂构造，同时形成了控制风化剥蚀作用的小型断层的形成，为后期形成崮形地貌创造了条件。

侵蚀剥蚀阶段

至新生代，该地区仍处于侵蚀剥蚀区内，外动力地质作用表现为风化剥蚀作用沿构造破碎带进行，从而形成地表的沟谷，这一阶段是岱崮地貌形成的质变阶段。该阶段中，构成大部分崮体的巨厚层中寒武统碳酸盐岩已经被流水切穿，沟谷宽度逐渐扩大，沟谷、山丘的格架已显露雏形，山丘坡度也逐渐增大，被河流切穿的碳酸盐岩地块沿山脊方向也因双坡面背向侵蚀而分开，孤立的巨厚层碳酸盐岩台地得以出现，但崮形地貌发育尚不完善。

这时的构造抬升作用可能已有减弱，但由于地形的进一步分化、高差的进一步扩大等，为流水侵蚀以及风力侵蚀提供了更充分的条件，侵蚀速率相较以前更为迅速，重力侵蚀作用在该阶段已开始显现。

崩塌成崮阶段

该阶段由于地形高差大，被外动力作用切割的地层中软弱地层已经暴露，成崮作用速率加快。

由于形成崮体的石灰岩比上、下的软弱岩层抵抗物理风化的能力强，石灰岩层上覆的盖层逐渐被剥蚀并趋于殆尽，崮体下覆软弱岩层风化速度快，形成一个代表风化残积物休止角的山丘坡面，成崮的岩层往往形成悬岩，悬岩的崩塌造成崮体的面积缩小。这种作用周而复始，最终形成了现在的崮形地貌。

这时，从横穿河谷和山岭的岭谷横断面来看，沟谷的面积已经远远超过山岭的面积，使得山丘间空旷辽阔，而河谷两侧的崮体方山也遥遥相对，壮观无比。

正是这个阶段形成了岱崮地区的典型方山形态，也就是岱崮地貌的完全成熟阶段，大部分崮体成为多姿多态的中年模样。个别山丘上的崮体已经消失或者成为残崮，表明尽管岩块的抗蚀性能一样，但由于既定条件的差异，使个别崮体没有很好的存留环境，消失在崮林中。当然，可以预见，外动力地质作用不会停止，将来岱崮地貌会逐渐消失，但其存在的年限目前还无法预测。

Part 3 崮乡探奇

山东地貌类型多种多样，可划分为中山、低山、丘陵、平原、台地等9种地貌类型。从地理上可分为鲁中南低山丘陵、胶东丘陵、胶莱平原和鲁西北平原共4个区域。在全省地势最高、面积最广阔的鲁中南低山丘陵区域中的群山，层峦叠嶂，雄峰矗立。而蒙山与沂山相连，形成了广阔深邃的沂蒙山区。它西连兖济，通向徂徕山区；南俯徐淮，囊括抱犊崮山区；东濒黄海，延伸到日照滨海地区；北接泰岱，涵盖沂山北麓的临朐和沂源，纵横八百里，素有“八百里沂蒙”之称。在这里，群崮耸立，多姿多彩，雄伟挺拔，石奇峰秀，优姿纷呈，有名有号的崮就不下百座，有“沂蒙七十二崮”之说。可以说，沂蒙群崮，是山东的崮，也是中国的崮，沂蒙山区是名副其实的“崮”乡。

齐鲁群山（公茂栋摄）

传说之奇

据不完全统计，沂蒙山区有大大小小、形态各异的崮上百座，主要集中在临沂市的蒙阴、沂水、沂南、平邑、费县、沂源（原属临沂市，现划归淄博市）和枣庄市山亭区等县、区境内。七十二，古代表示天地阴阳之成数，亦用以表示数量之多，如孔门有七十二贤人、济南有七十二泉、孙悟空有七十二变等，所以“七十二崮”流传下来。而关于“七十二崮”是如何形成的，当地还流传着两个饶有趣味的传说。

八仙之说

相传在很久以前，沂蒙山区还不是陆地，而是一片看不见边的大海，站在东岳泰山顶上向东看，在那海天相接的地方影影绰绰显出一星黑点，那就是蓬莱仙岛。仙岛上面住着八仙等众仙长。仙长们到人间除暴安良，来来回回都要经过这片海。

话说有一年，东海龙王攻打蓬莱仙岛，龟军师献的计谋被八仙识破，龟军师差点丢了性命，从此便怀恨在心。龟军师打发本族的小龟精悄悄爬到岸上，自称八仙的徒儿徒孙，专干坏事祸害百姓。事后就到处放风说是八仙干的，闹得世间人慌里慌张。

这天，李铁拐出游归来，路上碰见一个男人追打一个女子。李铁拐一见气得心里窜火苗子，他抡起铁拐一下打去，那家伙瘫在地上现了原形，原来是一只大乌龟。李铁拐询问这乌龟得知：远古女娲老母补天剩下些碎石头，后来燧人氏把碎石头制成了棋子。这棋子是宝物，能长能缩，十分稀奇，经过千万年后，流落到东海龙宫。东海龙王用这些棋子将龟儿龟孙们压在下面，动弹不得，但龙子龙毒把棋子拿去把玩，这样它们就被放了出来。于是，龙子龙毒和龟军师命令他们冒充八仙的徒儿徒孙出来干坏事，毁坏八仙的名声。李铁拐不动声色，欲想办法联合众仙找到棋子，将它们再次镇压。于是，为不惊动龙毒和龟军师，他将那乌龟先放回了海里。

放了龟儿，李铁拐驾起祥云要回仙岛，路过沂蒙这片海洋上空，正巧碰上仙兄吕洞宾，李铁拐说起了龟儿龟孙假借八仙名义到处作恶的事情，并与吕洞宾商量好了镇妖之法。

几天后，龟儿龟孙们又出海干坏事了，李、吕二仙便各自依计行事。李铁拐坐上宝葫芦，直奔东海龙宫。这时，龙毒和龟军师正因不懂棋子阵法而抓耳挠腮呢，见李铁拐突然闯到面前，心想估计是龟儿龟孙之事败露，吓得哆哆嗦嗦向后倒去。李铁拐见状，不慌不忙地说：“我仙兄吕洞宾听说你们这有副古棋，今日特来相借，好让仙兄饱饱眼福。”龙毒一听李铁拐并不问龟儿作恶之事，脚不再抖，嘴不再哆嗦，心想这吕洞宾定是懂棋之人，便迫不及待地问：“不知吕仙长可有古棋阵法？”李铁拐大笑道：“我仙兄仙道深远，九重天宫处处逛到。听说古棋的技法在天书上记着，那年吕仙兄去拜见太白金星，太白金星翻开天书让他细细看了。”龙毒大喜，说：“我正闷得慌，想摆摆这古棋子儿，可是不会棋法，如今知道吕仙长有这本事，真是万幸，万幸！我这就跟你会见吕仙长，学学这法儿。”李铁拐见他上钩，说：“好啊，今日我带你去，学会了棋谱，日后就有了棋友，咱们是近邻，打个招呼就凑一块儿下棋了。”

于是，三人带上棋子，坐上宝葫芦，轻悠悠升到云彩上。吕洞宾早等了多时，见他们来到，欠身相迎，然后各自就座，吕洞宾扯块云彩，用手指比比画画，不多时云彩变成一块棋盘，方方正正，让人看了眼花缭乱。

龙毒看了大喜，叩头作揖请求吕仙长教他棋法，吕洞宾从龟背上接过棋子，一块一块安上，一点一点指教，龙毒听得入迷，忘了周围的一切。李铁拐见龙毒的心思全扑在棋子上，用铁拐轻轻一戳龟军师，龟军师立时浑身酥麻，滴溜溜跌下云头，眨眼间落到海上跌得晕头转向，半天才缓过气来。李铁拐气狠狠地说："老龟精，今天叫你来不为别事，你赶快召回在人间行凶作恶的龟儿龟孙，叫他们在这片海面下听候发落。"龟军师早已吓得魂不附体，只得言听计从，于是龟尾巴摇了三摇，龟头伸了三伸，拼命尖叫了三声。龟儿龟孙听到传令叫声，纷纷回来。不多时，便围着龟军师聚了黑压压一片。李铁拐一看，喜上心头，把宝葫芦向上一竖，呼呼呼三阵冲天风喷出，吕洞宾和龙毒坐的云彩摇摇晃晃，翻转倾倒，棋盘"呼"地一声翻了个儿，古棋子儿哗啦哗啦跌落下来，直向龟儿龟孙砸去。七十二块古棋子分别压在七十二个龟儿龟孙的背上。

李铁拐心知龙毒日后定会收回棋子，将龟儿龟孙们放出来，于是他抱起葫芦晃三晃，摇九摇，对准脚下的大海呼呼呼喷起了火焰。只见海水眨眼间沸沸滚滚，像开了锅。那些跌落海底的古棋子经过火烧，连同龟儿龟孙一块儿使劲长起来，不多一会儿，都长出海面，变成一座座石山，把海水挤得连连后退。龙毒和龟军师本来就怕宝葫芦里的火，这会儿被烤得半死半活，随着海水退到海里去了。

后来，东岳泰山和蓬莱仙岛之间的茫茫海面全部被长高的山丘占据了。那些龟儿龟孙和脊背上的古棋子越长越大，变成了直插云端的山峰。于是，人们把这古棋子儿变成的山起名为"崮"，数数共有七十二座，所以就叫"沂蒙七十二崮"。君不见，沂蒙七十二崮平顶陡崖，山顶像棋子儿，棋子儿下面压着的山体不正像鼓着盖的乌龟吗？！

玉帝和泰山老母之说

俗话说"一山不能容二虎"，神仙也是如此。相传玉皇大帝素与泰山老母不和，在泰山修炼时，二人常常拌嘴。玉帝想：好男不跟女斗！于是便悄悄搬到蒙山龟蒙顶修炼去了。谁知，泰山老母却得寸进尺，步步紧逼，偷偷把一只破绣花鞋埋在龟蒙顶的一个陡坡上，非说这蒙山百年前就是她的了。

就这样，玉帝不得不第二次搬家了。这天，玉帝驾祥云来到东镇沂山继续修炼。为防止泰山老母再次作梗，这回玉帝多了个心眼儿，绕沂山四周在许多山头上竖起了许多石柱，他还使出自己多年修炼出来的法术，尽量把石柱插满整个沂蒙山区，总共竖起了七十二根石柱。果然不出所料，泰山老母又找上门来了。由于玉帝早有准备，便以其人之道还治其人之身说："早在一百年前这沂山包括整个沂蒙山就是我的了。一百年前，我就在沂蒙山区七十二座山头上立下七十二根石柱，这七十二根石柱圈下了我的地盘。"泰山老母一听没辙了，这回她偷鸡不成反蚀了一把米，本想再霸占沂山，结果连蒙山也拱手让给了玉帝，只好离开沂蒙山区回到泰山安心修行，享受人间供奉的香火。

又过了很多年以后，玉皇大帝在沂蒙山修成正果，入天宫主宰万物。泰山老母不死心，还是对风光旖旎的沂蒙山垂涎三尺，但玉帝留下的七十二根石柱可是物证啊！为了消灭证据，泰山老母请来了龙王，想让洪水把石柱冲倒冲走，可整个沂蒙山区成了一片汪洋大海，七十二根石柱依然耸立在那里，直冲云霄。

而这之后，龙子龙孙们经常顺着柱子爬到天庭去骚扰宫女，玉皇大帝一怒之下，挥剑斩断了擎天柱。这一斩也斩退了海水，龙子龙孙们吓得都随着海水躲到东海里去了。因此，只留下了七十二根柱桩，成为今天人们看到的"沂蒙七十二崮"。

其实，如天女散花般遍布沂蒙山区的山崮，座座都有名气，有壮丽的景观，有动人的故事，有美丽的传说。这些故事和传说，或美丽，或悲壮，或幽默，莫不生动感人，凝聚着劳动人民的憧憬和智慧，是优秀的非物质文化遗产。它们以崮乡特有的神仙精怪为依托，以崮乡人独特的视角，去讴歌真善美，鞭笞假恶丑，揭示了善恶相报、人与自然和谐相处的历史主题。

命名之奇

在沂蒙山区，崮的命名相当有趣，每个崮都有自己独特的名字，不同的名称不仅可以反映其形态地貌特征，有的还赋予了其历史民族社会特征，带有浓郁的自然人文气息。细细数来，远超过72个，而能列举出72个崮的名字，也使得很多俗传有了实证，听来让人意味深长、回味无穷。

因形状得名

在千姿百态的崮中，相当一部分是因其形状而得名：崮顶端向一侧倾斜的叫歪头崮；崮顶形似香炉的叫香炉崮；模样像皮靴的叫靴子崮；高耸入云如通天桥梁的叫天桥崮；鏊子崮如沂蒙人做煎饼用的鏊子；盘龙崮像一条硕大的龙盘卧山顶；狮子崮像一头雄狮昂然怒吼；虎啸崮恰如一只猛虎仰天长啸；样子像马头的叫马头崮；状如木锨板的叫锨板子崮；两崮相连像一堵墙的叫连崮；酷似油篓的叫油篓崮；那崮顶两端微翘、中间低凹似老式枕头的叫枕头崮。

还有拨锤子崮、龙须崮、奶头崮、火车头崮、子母崮、元宝崮、货郎崮、猫头崮、磨盘崮、锥子崮、棺材崮、水柿崮、蛤蟆崮、和尚崮、卧佛崮、罗圈崮……

因传说和古迹得名

有一些崮因传说和古迹而得名，如孟良崮、晏婴崮、纪王崮、阎老崮、抱犊崮等。其中，位列“七十二崮”的孟良崮，据传说是北宋杨家将中的孟良曾屯兵于此而得名。

临沂市沂水县高庄镇的晏婴崮，距离沂水县城35 km。清道光七年《沂水县志——舆地》载："晏婴崮，俱（距）县西七十里，崮又名昔贤山，王庄水经其间，梓水经其西。"崮下有晏婴店子村。相传春秋时期，齐国宰相晏婴曾率领军队在此安营扎寨，故称"晏婴崮"。

此外，还有一些崮因曾有人类活动或居住的村镇、村民姓氏而得名，如南岱崮、北岱崮、孙家崮、姜家崮、牛家崮、刘家崮、范家崮、徐家崮等。有的因具有某一方面的特点而得名，如红石崮、透明崮、宝泉崮，高大的如摩云崮、大崮。因农事活动取名的有放牛崮、猪栏崮、牧龙崮等。这些名字既直观又别有风趣，显示了人类与大自然的和谐和发展、自然景观与人文景观的协调和统一。

分布之奇

巍峨的群崮如此密集地分布于沂蒙山区，不可谓之不奇。它们成群耸立，千姿百态，雄伟峻拔，素有"七十二崮天下奇"之说。集中分布于蒙阴县岱崮镇的岱崮地貌，数量之多，形态之美，在中国大地上独一无二，世界范围内也属罕见。蔚为大观的神秀骄子——崮，星罗棋布，叠嶂重峦，好像挂在天空的颗颗星星，好像散落海滩的粒粒珍珠，又好像接天连地的擎天巨柱。

崮群县域分布

沂蒙山区崮群县域分布十分集中，基本情况如图3-1所示。当然，囿于篇幅，图3-1中仅列举了临沂市各县区崮的分布情况，还有许多分布在山东其他地区的崮没有展示在图中，这些崮的具体名称详见表3-1。

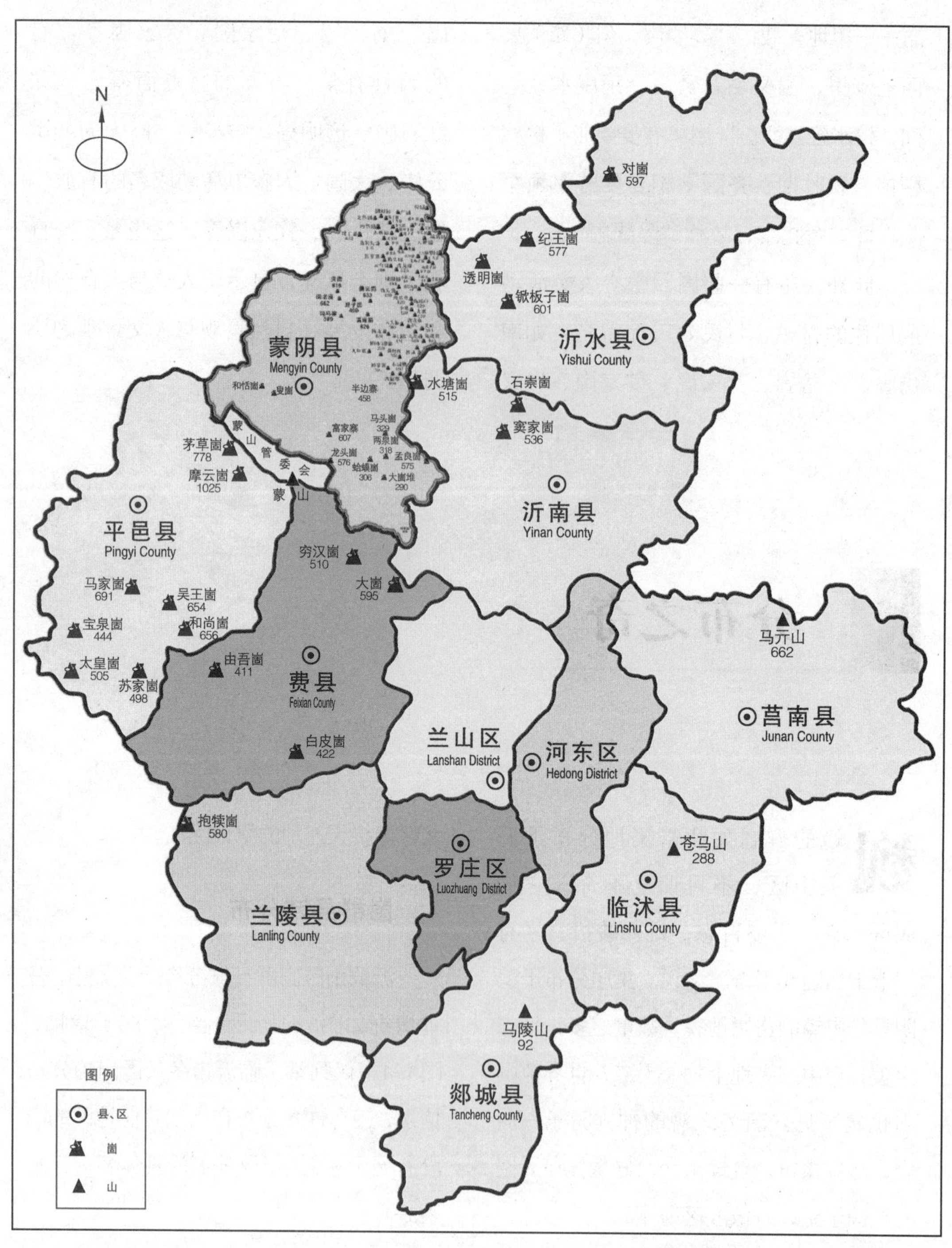

图3-1 临沂市崮群分布图

表3-1　　部分崮群分布一览表

地市	县区	崮名
济　南	长清区	馒头崮
淄　博	沂源县	钻天崮、杨家崮、鹰嘴崮、水柿崮、道座崮、龙王崮、青泉崮、尹家崮、石人崮、货郎崮、万泉崮、蝇帐崮、松崮、八十崮、锥子崮、泉崮、莺莺崮、团圆崮、斗心崮、清龙崮、仓粮崮、螳螂崮、保安崮、核桃崮、凤凰崮、韩王崮、鼎足崮、双泉崮、樱桃崮
潍　坊	临朐县	扁崮、边崮、大崮、龙门崮、九泉崮、驴皮崮、双崮子、来家崮、太平崮、马头崮、顶子崮、蟾蝗崮、聚粮崮、松树崮、狮子崮、灯塔崮、猫头崮
	青州市	模云崮、金子崮、单崮堆
泰　安	新泰市	青龙崮、二旋崮
莱　芜	钢城区	青杨崮、旋崮、韭菜崮
枣　庄	山亭区	抱犊崮、豁子崮、轲辘崮、鸡冠子崮
	峄城区	石城崮

岱崮地貌分布集中

岱崮地貌是崮形地貌的典型代表，是崮的一种特例，也是沂蒙群崮的集中连片区，现已建设成为山东蒙阴岱崮省级地质公园。岱崮地貌按照分布密度可以划分为核心区、典型区和辐射区三个分布区域。从蒙阴县范围来看，崮多聚集在县域东北部，其中岱崮镇为核心区，集群分布有30个崮；而蒙阴县的野店镇、坦埠镇、旧寨乡作为典型区（图3-2）；沂水县、沂南县、费县、平邑县、枣庄市的山亭区等作为岱崮地貌的辐射区。

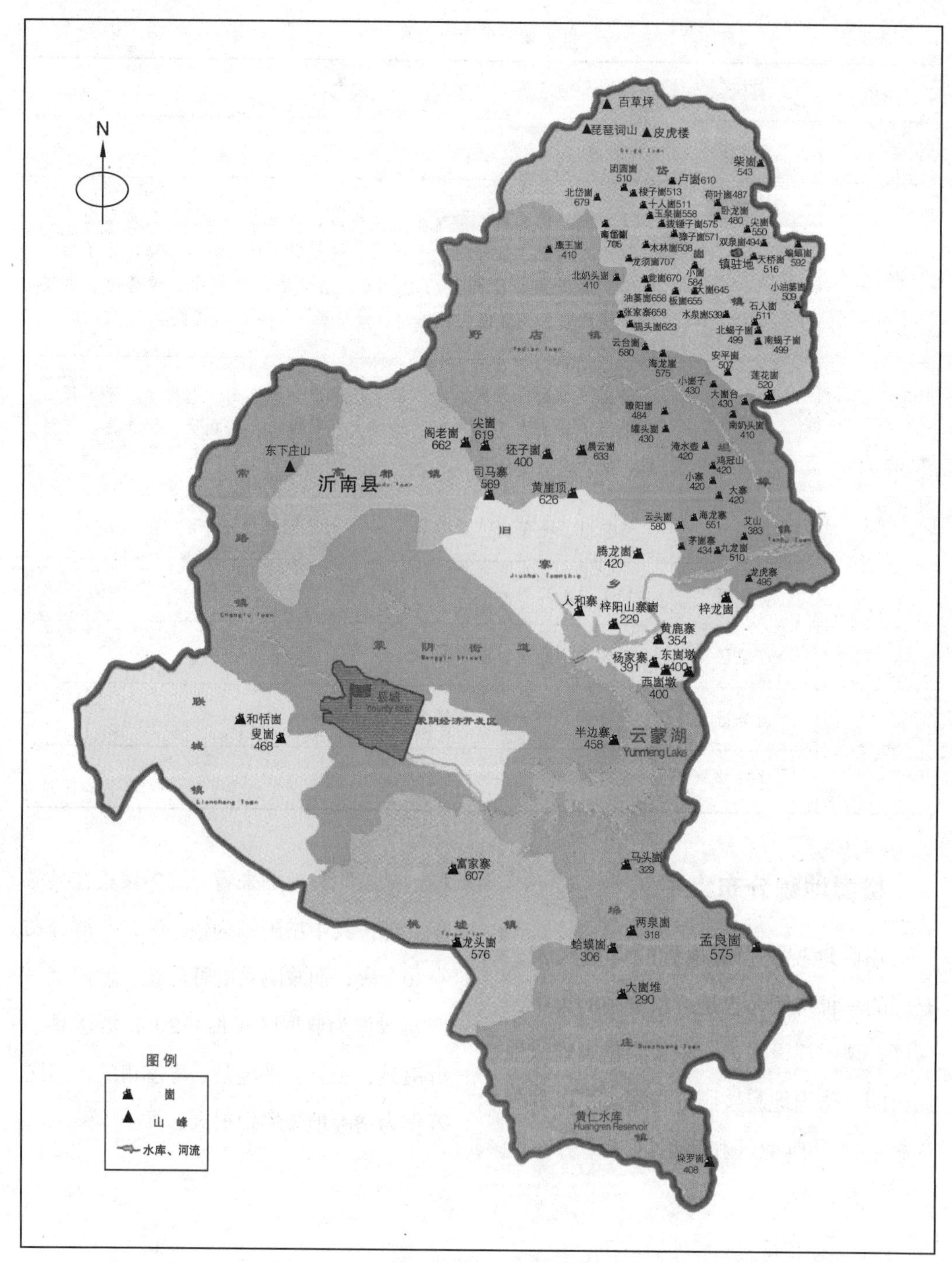

△图3-2　蒙阴县境内岱崮地貌分布图（山东蒙阴岱崮省级地质公园办公室提供）

岱崮地貌核心区

岱崮地貌核心区——岱崮镇境内所有崮体都位于分水岭上或沿分水岭伸出的孤丘上（图3-3），其中，3个崮位于卢崮分水岭上，6个崮位于獐子崮分水岭上，13个崮位于岱崮分水岭上，4个崮位于张家寨分水岭上，另外，还有4个崮位于梓河东部分水岭上。岱崮镇地区的30个崮体无不依山岭而排列、择岭峰而定居。

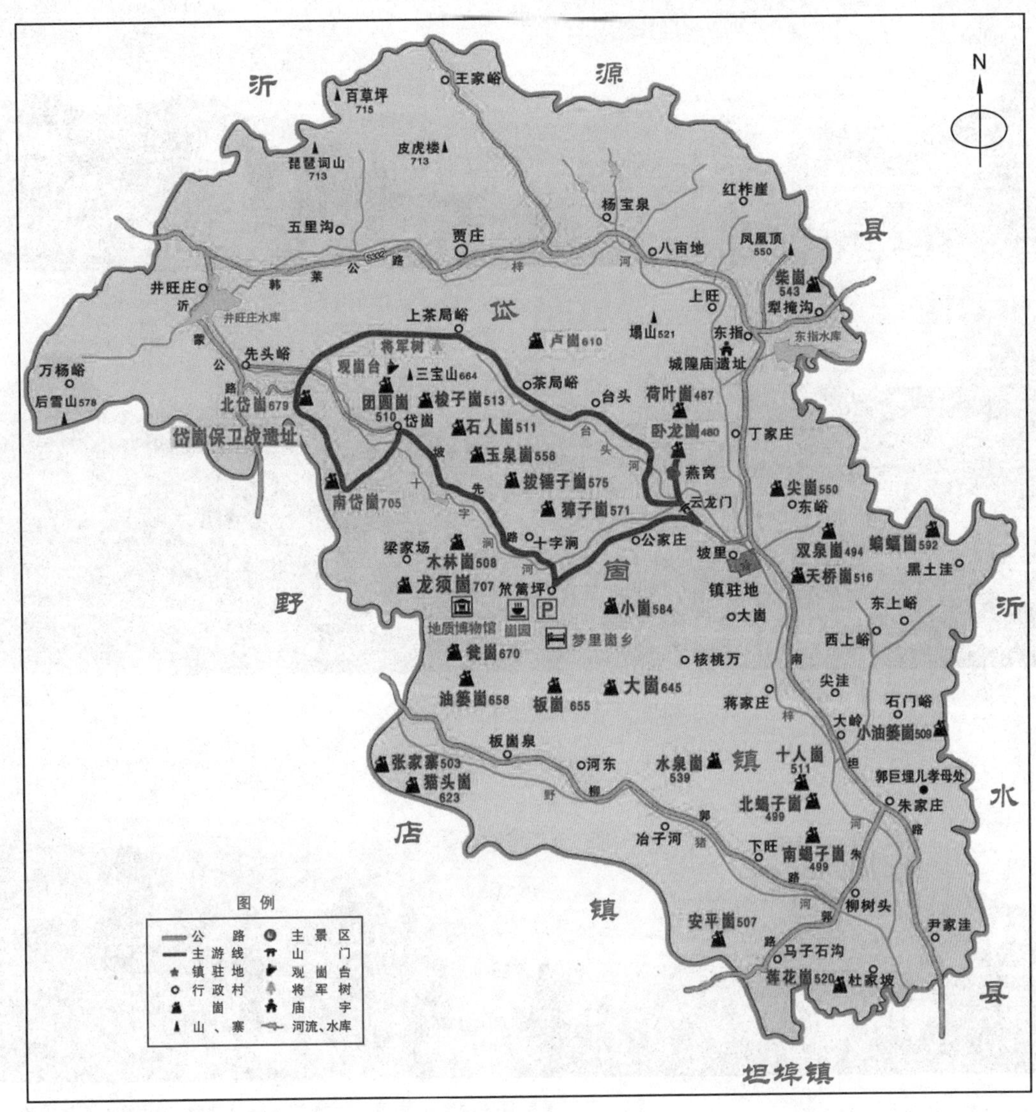

△图3-3　岱崮地貌核心区（山东蒙阴岱崮省级地质公园办公室提供）

岱崮核心区的崮群，山峦密集，崮与崮遥相呼应，崮与崮紧密相连，崮与崮起伏跌落，风光无限，景色迷人（图3-4至图3-7）。

图3-4　中国第五大地貌——岱崮地貌组照（聂松泽摄）

图3-5　岱崮风光之一（聂松泽摄）

图3-6　崮乡牧羊曲（戴存满摄）

图3-7　岱崮风光之二

岱崮镇各个崮的相关形态参数、地质遗迹和文化遗迹也各不相同。本书根据有关单位的调查研究资料及相关量测数据，对区内重要的崮逐一介绍。

卧龙崮

卧龙崮位于镇区西北，距镇区1.2 km，海拔480 m，因崮狭长，极似卧龙而得名（图3–8）。岩层厚度20~23 m，顶宽10~50 m，长1 km，周长达3 km。

崮顶中部，为古山寨遗址。北段，有古寨墙、寨门遗址；中段东侧，亦有古寨墙、寨门遗址；南段西侧，有“一线天”岩缝，为西门；南首有岗楼残址，可攀岩而上。东寨门与北寨门之间为主寨遗址，房屋残址60余处。专家确认，该寨为金、元时期所建，迄今七八百年。可能成因是宋时政权南迁，岱崮先被金兵后被元兵占领，乡人于崮顶建寨，据险自守。

古寨南段的古石臼，为古人捣米之用。寨北、寨南有2处平滑岩面，上有6个大石圈，其圆十分规整，北边石圈直径3.5 m，南侧石圈直径5.5 m；岩面高处圈沟宽15 cm，深10 cm，岩面低处圈沟浅，且有疏水口；圈中心有圆孔，圈沟内侧有圆孔。6个石圈均系古人用錾头打制，其中成品4个，半成品2个。在沂蒙群崮中，该石圈尚属首次发现。石圈可能为仓储底基，隔水、引水、疏水，沿圈砌墙，上覆团瓢，即可储存粮食物品。

卧龙崮顶部平坦，崮顶面积1.6 km^2，是崮上观崮的极佳去处。登临崮顶，南可眺岱崮镇新姿，东西可见桃林、田园风光，远可眺千姿百态的群崮风光。

大崮

大崮（图3–9）位于镇区西南，距镇区3.5 km，南邻水泉崮，北邻小崮，

图3–8　卧龙崮

图3–9　大崮

海拔628 m，因山体庞大得名。该崮岩层13~25 m，周长达5 km，崮顶总面积2.3 km^2，为古寨遗址，有金、元时期残垣断壁，同时也是红色旅游的重点，是抗战时期八路军鲁中军区机关、兵工厂、被服厂、弹药库之所在，是大崮保卫战的战场。

1940年3~5月，国民党顽固派军队8 000余人围困中共蒙阴县委、县大队驻地大崮山区。县委、县大队以大崮山为主阵地，苦战3个月，在八路军山东纵队一旅的援助下，粉碎了顽军的围困。县委、县大队受到中共山东分局和八路军山东纵队的通令嘉奖；1941年11月7~9日，八路军大崮独立团一营特务连和四旅二团四连坚守大崮3昼夜，打退日军千余人和国民党顽固派军队3个团的进攻，成功地突围转移。山东分局妇委委员、省妇救会常委陈若克突围时被捕，在狱中坚贞不屈，怀抱刚出生的婴儿英勇就义。该遗址是对青少年进行爱国主义和革命传统教育的重要基地。

南岱崮

南岱崮（图3-10）位于镇区西北，距镇区8.3 km，海拔高度705 m。据说清明之日，站在崮顶，可望见泰山，因称望岱崮，后简称岱崮，又因居南，与北岱崮相对，因称南岱崮。该崮岩层厚度23~31 m，周长约0.75 km，与龙须崮相距2.78 km。该崮是抗日战争和解放战争时期著名的两次保卫战的主战场，植被条件较好。

图3-10　南岱崮

第一次岱崮保卫战，发生在抗日战争时期。1943年11月，日伪军约两万余人，对我鲁中抗日根据地进行扫荡，南、北岱崮位于敌进犯我鲁中根据地的咽喉要道。鲁中第二军分区第十一团三营八连93名勇士奉命驻守南、北岱崮阻击来犯之敌。13日清晨，千余敌军在飞机的掩护下，分别对南、北岱崮发起疯狂的进攻。八连战士在缺水缺粮、缺弹药且与外界完全断绝联系的情况下，与敌激战18个昼夜，胜利完成牵制敌人的任务后，乘夜色从崮顶滑下，安全撤出阵地。此次战斗，我军以伤7人、牺牲2人的较小代价，毙伤日伪军300余人。八路军山东军区颁布嘉奖令，授予八连“英雄岱崮连”的光荣称号。

第二次岱崮保卫战，发生在解放战争时期。1947年，我华东野战军在孟良崮歼灭国民党军第七十四师以后，在运动中寻找战机，歼灭敌人，逐步后撤。6月26日，山东军区首长命令鲁中军区后勤监护营一连107人固守岱崮阵地，保卫崮上存储的大量弹药，并牵制敌人兵力。敌人为了扫除这个他们前进路上的重大障碍，以3个师的兵力围攻岱崮。我守崮战士以与山崮共存亡的英雄气概，顽强战斗，坚守岱崮42天，打退了敌人无数次的进攻，取得了保卫战的最后胜利，守崮部队荣获了“第二岱崮连”的光荣称号。

现遗址上仍留有部分战时工事和山洞等。该遗址是对广大青少年进行爱国主义和革命传统教育的重要基地。

北岱崮

距镇区9.1 km，海拔679 m，与南岱崮对峙而立，相距仅1.8 km（图3–11）。岩层厚度25~32 m，周长约1.5 km。岩层裂隙发育，裂隙宽度可达1.5 m左右。该崮植被条件完好，风景秀美，像一把绿色的太阳伞。该崮是岱崮地貌群红色旅游资源重点之一，与南岱崮同时被列为两次著名岱崮保卫战遗址，现存遗迹40余处。

图3–11　北岱崮

卢崮

卢崮（图3–12）位于镇区西北，距镇区5 km，海拔高度610 m，因鲁王曾登临此山，得名鲁王崮，后称鲁崮，今演绎为卢崮。该崮岩层厚度20~25 m，周长9.7 km，崮顶总面积1 km^2，植被条件较好，林木葱茏，植被丰厚，风景秀美。

图3–12　卢崮

龙须崮

龙须崮（图3-13）位于镇区西北，距镇区7.2 km，南望瓮崮，北邻南岱崮，海拔高度709.1 m，因崮顶极似龙须而得名。该崮岩层厚度20~23 m，崮顶宽15~60 m，长达0.6 km，周长达1.5 km，总面积1.5 km^2，与南岱崮相距2.78 km，与瓮崮相距3.02 km。龙须崮也是红色旅游的重点，沂蒙山区最早的一次武装革命暴动就发生这里。

1933年7月16日，在中共新泰县委领导下，李阳谷、崔宪武、娄家驷等党员，带领党员、农民百余人，携枪80余支，在龙须崮举行武装暴动，提出了“打倒军阀雪国耻”“打倒土豪分田地”等口号，后被国民党蒙阴县长张尊孟率领部队镇压。暴动虽然失败了，却打击了国民党的反动统治，扩大了党的影响，这是沂

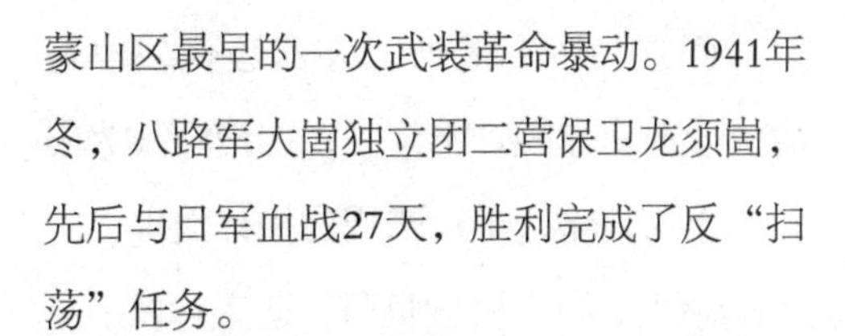

蒙山区最早的一次武装革命暴动。1941年冬，八路军大崮独立团二营保卫龙须崮，先后与日军血战27天，胜利完成了反“扫荡”任务。

该崮地貌景观独特，自然植被秀美。

獐子崮

崮顶位于镇驻地坡里西北3.5 km处，海拔571 m（图3-14），南与小崮对峙，北邻拨锤子崮。

獐子崮崮顶呈三角形，四面峭壁，如刀削斧凿。中寒武统石灰岩层厚25~30 m，由上小下大、上薄下厚的两层灰岩层构成。上层灰岩厚度3~4 m，长度为47 m，宽度介于10~25 m，周长176 m，崮顶面积1 400 m^2；下层灰岩厚度22~24 m，长106 m，宽18~65 m，周长为370 m，面积约为4 400 m^2。因明末清初獐子群居崮顶而得名。

图3-13 龙须崮

图3-14 獐子崮

崮顶为古寨遗址，亦有近代战争遗存。上有房屋残址十余间；西南石隙为崮门，上有岗堡遗址；四周有掩体遗址。

崮上、崮下植被良好，适宜探险、览胜、观光，是红色旅游重点之一，也是省劳模公茂田创业之地、茂田园艺场所在地。

板崮

位于镇驻地西6.5 km处，笊篱坪村南部，海拔655 m。不规则长条形，长轴呈北西–南东走向（图3–15）。

图3–15　板崮

崮顶两层，下层为中寒武统巨厚石灰岩层，厚度为23~25 m，宽度介于49~76 m，长295 m，周长达756 m，面积为17 800 m^2；上层为中寒武统中厚岩石灰岩层，厚4~5 m，宽度介于22~55 m，长262 m，周长626 m，面积为9 267 m^2。远看，该崮像下厚上薄的两层石板叠置在一起，故名。该崮又像二层楼房，故又名楼山。

崮顶为古山寨遗址。该崮只有北门可攀，上有岗堡残址；房屋残址200余间；石臼1处，碾盘1台。崮顶有玉皇庙，明末重修碑残块仍存。

该崮上、下植被发育，崮顶柏树茂密，适宜探险、考古、观光。

安平崮

安平崮位于岱崮镇政府驻地以南7 km处，近野店镇，东邻莲花崮，西望猫头崮及张家寨，崮顶最高处海拔高度为560.6 m。

崮顶东西长而南北窄，四面峭壁，险峻异常，具有明显的双层碳酸盐岩叠置结构，并且上、下两层碳酸盐岩的厚度大致相当（图3–16），这是与前述几个双层灰岩崮体上薄下厚特征明显不同之处。中寒武统石灰岩层崮体总厚25~30 m，宽度为71 m，长度为311 m，周长767 m，崮顶面积达21 133 m^2。

因其为所在分水岭上最高耸险峻

图3–16　安平崮

者，易守难攻，在发生战乱时，当地乡民常常登崮据守、护财产防匪患，常得平安之结果，故名。

崮顶存古寨遗址。该崮有四门，均极为险要，今均有岗堡残址；崮上房屋残址100余间；石臼、碾台、磨台均存。另有近代我军民智取安平崮战斗遗存。该崮上、下植被丰厚，适宜探险、览胜、观光。

莲花崮

莲花崮（图3-17）位于镇驻地南7 km处，崮顶尖山最高海拔530 m。

该崮，山腰出露中寒武统巨厚石灰岩层，岩层高23~25 m，侧面望去，可见该崮向东、南、西、北各伸出八座崮台，像八瓣莲花怒放；崮上雄列九顶，为上寒武统黄色页岩山，山顶有山寨，分设堡于八座崮台；崮台与崮台之间有山泉，八堡间共得七泉。因称九顶八堡七泉莲花崮，形状奇特。

莲花崮，中寒武统碳酸盐岩构成的崮体宽度介于140~810 m，长度为4 482 m，周长为20 232 m，面积约178万 m^2，这四组数字在岱崮镇境内所有崮的对应数据中都独居第一，无出其右者。

崮顶有五寨：闫家寨、赵家寨、公家寨、刘家寨、破寨。其中，刘家寨古石臼为金元时期文化遗迹，其他四寨多建于中华民国初期。山寨房屋遗址，达300余处，寨门残址10处，其中，闫家寨东门完好，寨墙、岗堡残址均存，碾、磨等已残缺。崮北有月明崖、马子石等景观。崮下植被丰厚，适宜探险、寻古、游览、观光。

水泉崮

水泉崮（图3-18）位于镇驻地南3.8 km处，最高点海拔539.4 m。

图3-17 莲花崮

图3-18 水泉崮

崮顶平面形态呈西边凹进（如缺口）的近圆形，锥形基座加上苗条崮体，窈窕入云霄，为板崮、大崮等诸崮所在分水岭下游地带较为标致、孤立、高耸的崮体。其西为大崮，其东为十人崮、北蝎子崮、南蝎子崮等，都为宽阔、顶面多变的崮体，水泉崮与它们相比特色独具。崮体由中寒武统石灰岩层构成，崮壁陡峭，该地层厚度为25~30 m，长度为132 m，宽度为74 m，周长为431 m，崮顶面积9 933 m^2。

该崮只有东南一门，崮上有古寨遗址。大部分石阶为开凿而成，门墙仍存，岗堡已残；寨顶房屋残址50余间，碾、磨均残。考其崮顶文化积淀，传说最早可能起于金元时期。

崮顶多杂树灌木，崮下依次为杂树林、蜜桃林。该崮适宜探险、寻古、游览、观光。

天桥崮

天桥崮（图3-19）位于镇驻地坡里东南0.25 km许，崮顶最高海拔516.5 m。

天桥崮是岱崮镇位于梓河东部山系的少数几个崮之一。与梓河西边山系的崮体碳酸盐岩（灰岩）的形成时代不同，这里的崮体由上寒武统灰岩构成。

中寒武统巨厚石灰岩层出露于该崮山腰，山体西侧出露厚度为23~25 m。综观全局，该岩层四周并未闭合，因为北部及东部的局部地段没有陡壁岩层出露；此外，由于地表差异剥蚀导致该岩层与剥蚀面的交线（出露面的空间分布）呈不规则形状。中寒武统巨厚层灰岩之上为上寒武统黄色页岩山。山顶出露上寒武统厚层灰岩，连接南北五顶，在南顶子与中顶子之间，中厚石灰岩东西均宽6 m，南北长达200 m。东侧断面均排列有石拱纹理，极似人工铺成之石桥，因称天桥。而天桥崮除了天桥外，还包括南顶子、中顶子等五顶处的厚层上寒武统灰岩区域。中寒武统巨厚灰岩层与上寒武统厚层灰岩层之间的间隔厚度约为130 m。崮顶有解放战争时期修筑的碉堡、岗堡、围墙残址，为近代

图3-19　天桥崮全貌

军事文化遗存。崮上部分山体植被茂盛，崮下果林密集。该崮适宜游览、观光。

拨锤子崮

位于镇区西北，距镇区4.2 km处，南邻獐子崮，北邻玉泉崮，海拔高度575 m。崮顶面积12 000 m^2，南北长，两头宽，而中间狭窄，形似民间捻线用的拨锤子，故名拨锤子崮（图3-20）。该崮岩层厚20~23 m，周长达1 km，与玉泉崮相距0.75 km，与獐子崮相距0.63 km。崮顶为古寨遗址，分为南、北顶，南顶最高处为哨楼残址，北顶中为岗楼残址。崮中心最窄处宽仅有4 m，在平滑岩面上有古石臼一处，直径0.5 m，深0.3 m，为金、元时期打制。该崮植被条件较好，环境幽静。

图3 20　拨锤子崮

荷叶崮

荷叶崮（图3-21）位于岱崮镇驻地坡里之北约2.5 km处，与卢崮和卧龙崮处于同一个分水岭并位于该二崮之间，崮顶最高海拔487.2 m。

该崮坐西向东，南北雄列三顶，中顶为尖峰，属上寒武统黄色页岩山；南顶平缓，北接中顶；北顶平缓，南接中顶。三顶相连，平视巨厚石灰岩层可见时凸时凹，气势磅礴，极似一顶翻卷的大荷叶，故名。但其平面形态呈不规则长而弯折的多角多变形态。该崮宽窄不一，最窄处为62 m，最宽处为293 m，长度达到850 m，周长为2 385 m，崮上总面积达到12 740 m^2。

崮北顶有古寨遗迹。南门、北门已残，南寨墙残址仍存；北顶房屋残址100余间，碾盘、磨台仍存。传为金、元、明、清山寨文化遗存。崮顶南为松树，中为桃树，崮下四面桃林。该崮适宜游览、观光、览胜。

图3-21　荷叶崮西南侧

油篓崮

油篓崮（图3-22左崮、图3-23右崮），位于岱崮镇政府所在地坡里以西7 km处，板崮西侧数百米处，崮顶海拔658 m。

图3-22 油篓崮（左）和瓮崮（右）

图3-23 油篓崮（右）和瓮崮（左）

该崮也由上、下两层碳酸盐岩构成。下层为中寒武统巨厚石灰岩层，厚度23~25 m，长度103 m，宽度为17~38 m，周长为271 m，面积2 667 m^2，陡峭如削，险峭欲倾，远看似油篓肚子；上层为中寒武统中厚石灰岩层，高4~5 m，长度为45 m，宽度为14 m，周长为113 m，面积600 m^2，远看似油篓嘴。自北向南看，该崮极似一座巨型油篓，故得名。

该崮只有东侧一石缝可攀，上无人文遗存。崮下为杂树林，灌木以荆轲为主，山腰以下为蜜桃林。该崮适宜攀岩探险、观光览胜。

南蝎子崮

南蝎子崮，位于岱崮镇政府驻地坡里以南6.5 km处，崮顶最高处海拔451 m。

崮顶中寒武统石灰岩层厚度为23~25 m，长度916 m，宽度介于39~257 m，周长2 548 m，面积约为92 667 m^2。自崮顶看，南端悬崖狭长，像蝎子尾巴；中端椭圆，地形微隆，像蝎子肚子；北端向东向西，又各延伸出一座小崮台。从远处看，该崮极似一只大母蝎，尾南头北，趴在那儿，因称南蝎子崮。

崮上有古寨遗址，设东、南、西、北四门，有寨门及岗堡遗址；房屋遗址南北两片，总计80余间；碾、磨残块仍存。考为金元时期文化遗存。东门上有民国石碑一丛，上刻《蝎子崮记》。北门上有蝎子泉。

该崮山腰以下植被较好，适宜寻古探幽、观光览胜。

北蝎子崮

北蝎子崮，南接南蝎子崮，位于岱崮镇政府驻地以南5.5 km处，崮顶最高海拔508.5 m。

崮顶中寒武统石灰岩层厚度介于23~25 m，长度为589 m，宽度介于40~185 m，周长为1 918 m。自崮顶看，东北端悬崖狭长，似蝎子尾巴；西端向西伸出三座崮台，中端似蝎头，左右似蝎钳，而中端蝎肚稍小。综观此崮，极似一只头西尾东的大公蝎，故称北蝎子崮。

该崮有东门、北门、西门、南门，上有寨墙、门墙、岗堡残址，可能为清代、中华民国文化遗存。崮下山体植被丰厚。该崮适宜登山健身、观光览胜。

十人崮

十人崮，位于岱崮镇政府驻地坡里以南4 km处，崮上最高处海拔511 m。

该崮顶部平坦，向东、向南、向西北各伸出一座大崮台。崮体由中寒武统石灰岩层构成，灰岩层厚度为23~25 m，宽度小于580 m，长度为1 925 m，周长达到2 366 m，崮顶总面积约为57 333 m^2。该崮四周均为悬崖绝壁，绝壁周边计有10尊似人石像独自耸立，似十尊守崮卫士，因得崮名。

崮南皆平台，有石臼，石臼北侧有古人居住遗址。崮西北侧，有千年蜂洞景观。崮下山林绿化较好。该崮适宜登山健身、观光览胜。

蝙蝠崮

蝙蝠崮，原名高崖，位于岱崮镇政府驻地坡里东南约5 km处，崮上最高海拔592 m。

崮顶上寒武统石灰岩层高23~25 m，长度为638 m，宽度介于47~370 m，周长为2 232 m，崮上总面积为77 667 m^2。该崮坐北向南，伸出三座崮嘴，中间高，两侧矮。自对面看，极似一只振翅欲飞的大蝙蝠，故得名。

崮顶有两座山寨遗址，俗称南围子、北围子。房屋残址150余间；围墙、寨门、岗堡残址仍存；磨台、碾台仍存。据考为明清民国崮顶文化遗存。崮下植被较好。该崮适宜寻古探幽、观光览胜。

小崮

小崮（图3-24）位于岱崮镇政府驻地坡里以西3 km处，崮顶海拔584 m。

图3-24　小崮

崮顶呈三角形，崮体由中寒武统碳酸盐岩构成，四周崮壁如刀削斧劈，节理发育，危石嶙峋。中寒武统石灰岩崮体层高25~30 m，长度为94 m，宽度介于21~67 m，周长262 m，崮顶面积2 733 m^2。因其小而得名。

该崮只有西南岩缝可攀登至崮顶。上有房屋遗址数间，岗堡遗址两处，为近代崮顶文化遗存。崮下山体绿化较好，适宜攀岩探险、观光览胜。

图3-25　玉泉崮

玉泉崮

玉泉崮（图3-25）位于镇区西北，距镇区4.9 km，南与拨锤子崮相邻。北与石人崮山体相连，海拔558 m，因崮下有清泉，泉水如碧而得名。岩层厚度20~26 m。崮顶为古寨遗址，中有岗楼残迹及居住遗址多处，南侧有围墙，墙北端有寨门残址。该崮与石人崮相距0.85 km，崮顶总面积20 000 m^2，上有花椒林及农田，属于典型的崮上乡村，极具旅游开发价值。

图3-26　石人崮远景

石人崮

石人崮（图3-26、图3-27）位于岱崮镇政府驻地坡里西北约5 km处，南邻玉泉崮，北邻梭子崮，海拔高度511 m，因似石人群而得名。

图3-27　石人崮（侯长骏摄）

石人崮，耸立于北东–南西两侧非常陡峭、北西–南东方向比较平缓的十字涧河北分水岭山脊上，由北西、南东两组构成，均由中寒武统石灰岩块、柱组成，每组有石人十余尊，高4~12 m不等，相互依靠簇拥，似两组巨型石雕造像，粗犷雄壮，伟岸威严。人们把这两组石人比喻成南北岱崮保卫战中英雄战士的群像，因称“岱崮连”。近年来发现天然石佛头像（图3–28），故有人又称其为石佛崮。

该崮北西一组的崮体长度为33 m，宽度小于10 m，周长为86 m；南东一组崮体长度为36 m，宽度小于10 m，周长为100 m。总长为69 m，总周长为186 m。实测保留总面积约733 m^2。该崮是岱崮镇现存30个崮中保存状况最不乐观的崮体，也是崮体逐渐消亡的残余，因为其碳酸盐岩的厚度远小于各个崮体通常的厚度，所以其崮体岩层的完整性也非常差，以独立巨石块为主。崮下为梯田和经济林。该崮非物质文化资源丰富，有很多的历史传说，植被条件较好，适宜游览观光，但需要加强保护。

瓮崮

瓮崮（图3–29）位于岱崮镇驻地坡里以西7 km处，崮顶点海拔670 m。

该崮同样由中寒武统巨厚石灰岩层构成，灰岩层厚达25 m，长61 m，宽11~26 m，周长145 m，总面积为933 m^2。整体形状酷似山脊之上倒扣一口大瓮，故而得名。

该崮四周绝壁，无路可登，少有远古或近代的山寨文化等遗迹留存。植被依地势而生，富有层次感。适宜观赏或

图3–28　石人崮之石佛像（程显杰摄）

图3–29　瓮崮

攀岩探险。

梭子崮

梭子崮（图3–30）位于岱崮镇政府驻地坡里西北6.5 km处，崮顶最高点海拔高程612 m，南邻石人崮，北邻三宝山。

图3–30　梭子崮

该崮崮体由中寒武统石灰岩层构成，厚度为23~25 m，平面形态为不规则长形，顶部碳酸盐岩基岩大片出露，崮体长度约为422 m，宽度介于141~178 m，周长1 221 m，崮顶面积为58 133 m^2。西、南、东三面是灰岩峭壁，北部出露多层较薄层灰岩层，坡度较缓，与下伏风化较强的页岩地层渐变相连，无绝壁出露。在崮上观之，东西长，南北窄，两头略尖，好似一只织布梭子，因之得名。

崮下为杂树林，再下为梯田、桃林。该崮适宜游览观光。

柴崮

柴崮位于岱崮镇政府驻地坡里东北3.5 km处，崮上最高点海拔高度为543 m。该崮也是岱崮镇境内位置最偏北的崮，与最南边的莲花崮遥遥相对。

崮顶呈不规则三角形，微微向北倾斜，四面峭壁。其崮体同样为中寒武统石灰岩层，为典型的巨厚层鲕粒灰岩，厚度为23~25 m，长119 m，宽度小于57 m，周长370 m，崮顶总面积5 867 m^2。

该崮上有山寨遗迹，寨门现可见东门和北门。崮东侧，遍布房屋残址，计达100余间，下有寨墙护围，南北岗堡相对，但崮墙均残。崮南侧，有石臼两处，已风化至面目全非。考为金元时期山寨文化遗存。山寨为民国时期崮顶文化遗存。

崮下山体，上部为灌木丛，下部为经济林。该崮适宜寻古探险、游览观光。

团圆崮

团圆崮（图3–31）位于镇区西北，距镇区7.5 km，东邻三宝山，西与北岱崮对峙，海拔高度510 m，因两座圆崮相连而得名，又称对崮。两座圆崮，一东一西，

图3–31　团圆崮

东大而西小，中间相连，连接处15 m。东崮，岩层厚度20~26 m，崮顶直径400 m，悬崖周长1.3 km，崮顶面积26 667 m^2；西崮岩层厚度与东崮相同，崮顶直径100 m，悬崖周长0.7 km，崮顶面积13 333 m^2。原为军事基地，现存有古寨遗迹。

猫头崮

猫头崮（图3-32）位于岱崮镇政府驻地坡里西南7.6 km处，海拔552 m。构成该崮体的中寒武统石灰岩层厚度为18~20 m，崮体长32 m，宽为14 m，周长95 m。崮顶近似圆形，面积800 m^2。因崮似猫头，西耸一石，极似猫耳，故得名。

该崮北有一路，位处崖壑间，攀爬可到达崮顶。该崮西边是近在咫尺（相距五六十米）的张家寨（崮），沿山脊往东是望穿秋水才能看见的安平崮。

崮下山体，上部为杂树林，下部为蜜桃林。该崮适宜探险、观光。

张家寨

张家寨（图3-33）位于岱崮镇政府驻地坡里西南7.8 km处，崮顶最高点海拔563 m。处于野猪河（北部）与坦埠西河（南部）的分水岭上，岱崮镇与野店镇分界线上。东边近邻为猫头崮。该崮平面形态呈现不规则多边多角形，并且南部较宽、北部较窄。其崮体由中寒武统石灰岩构成，出露的崮体岩层厚20~25 m，崮体长度为288 m，宽度为94~196 m，周长为935 m，崮顶面积39 800 m^2。崮顶较为平坦。清末及民国初年，附近张氏家族建寨于该崮顶，故称张家寨。登崮只有北侧一门，极为险峻。门上有岗堡残址，崮顶房屋残址60余间，碾台、磨台仍存，为近代

图3-32 猫头崮

图3-33 张家寨

崮顶山寨文化遗存之地。

崮下山体，上部多杂树、灌木，下部为蜜桃等经济林。该崮适宜寻古探幽、观光览胜。

小油篓崮

小油篓崮（图3-34）位于岱崮镇政府驻地坡里东南6.6 km处，崮顶高点海拔508.8 m。位于蒙阴县与沂水县的分界线上，也在梓河与其左岸一级支流的分水岭上。该崮由上、下两层灰岩构成，每层灰岩崮体的边缘上都有不连续的石头垒砌的寨墙。下层灰岩崮体近圆角长方形，灰岩崮体厚度为15~18 m，崮体长度82 m，宽度58 m，周长231 m，面积为4 733 m^2。上层灰岩崮体厚度为4~5 m，长22 m，宽15 m，周长68 m，北宽南窄，可见石质墙基，是三间大石屋的遗址（图3-35），面积约333 m^2。在远处观望，该崮上小下大，酷似油篓，但矮于板崮西北之油篓崮，故在之前冠之为小，称作小油篓崮。

图3-34 小油篓崮（可见上、下层崮体及寨墙）

图3-35 小油篓崮顶部石屋残墙

崮下山体，上部植被稀少，岩体裸露；下部大部分为梯田和蜜桃林。

木林崮

木林崮位于龙须崮北端不远处，崮顶最高点海拔高度为660 m。

崮体由中寒武统巨厚层碳酸盐岩构成，崮体厚度为23~25 m，平面形态似拉长的水滴形，长度51 m，宽度介于5~15 m，周长133 m，崮上面积为600 m^2，是岱崮镇境内30个崮中最小的。

岱崮地貌典型区

蒙阴县岱崮镇周边临近的野店镇、坦埠镇、旧寨乡是岱崮地貌分布的典型区，也分布有很多可圈可点的崮群

（表3-2，图3-36至图3-51）。

表3-2　岱崮地貌典型区其他崮的基本情况

序号	名称	位置	基本情况
1	瞭阳崮	野店镇驻地东南4 km处	海拔483.8 m，崮顶面积约53 333 m^2，崮体为中寒武统石灰岩层，最厚处达45 m，岩层周长为1 km。崮体绝壁如削，陡崖欲倾。中顶北侧，有道观遗址，残碑5丛8块
2	晨云崮	南距野店镇驻地3.6 km	海拔632.8 m，崮顶圆形，面积20 000 m^2。崮体为中寒武统巨厚石灰岩层，最厚处达40 m，周长达0.5 km。崮东南侧，岩石开裂，缝隙达2.5 m宽，岩垛高达40 m，上有巨石。遍布房屋残迹，为古寨遗址。又名晏婴崮
3	司马寨	野店镇驻地西南8.8 km	海拔568.8 m，崮顶呈圆形，面积达33 333 m^2，崮体为中寒武统巨厚石灰岩层，厚达35m，岩层周长达0.75 km。房屋遗迹遍布，寨墙局部保存
4	阁老崮	西南距野店镇驻地6 km	海拔610 m，崮顶为中寒武统石灰岩地层，保存较差，为上、下两层。上层为圆形，岩层厚7~8 m；下层比上层均宽8 m左右。崮顶为古寨遗址，上有1920年碑刻两丛
5	尖崮	野店镇驻地西南6.8 km处	海拔618 m，该崮属中寒武统石灰岩地层，岩层保存较差，均厚15 m左右。崮顶南北宽4 m许，东西长400余米，崮顶面积2 000 m^2左右。该崮有6处碉堡残迹
6	海龙崖	东南距野店镇驻地4 km	海拔575 m。海龙崖为中寒武统巨厚石灰岩层，厚达40 m。顶部面积60 000多平方米，多杂草灌木
7	云台崮	野店镇驻地东北约3 km	海拔580 m。中寒武统巨厚石灰岩地层东西耸列，长达1 km，岩层均厚40 m。崮顶面积约33 333 m^2，多杂草灌木
8	鹰王崮	野店镇西北8 km处	海拔652.4 m，南、北、西三面绝壁如削，高达35 m。顶部总面积30 000多平方米，且较平缓。崮顶为古寨遗址，房屋遗址200余间
9	奶头崮	野店镇东6 km处	海拔410 m，崮顶为中寒武统巨厚石灰岩层，均厚20余米，周长仅100 m，崮顶面积300 m^2。崮顶岩层均裸露，中有古石臼、南侧有旗杆窝等遗址

续表

序号	名称	位置	基本情况
10	锁子崮	野店镇驻地南6 km处	海拔510 m。该崮为中寒武统巨厚石灰岩层，岩层均厚30余米，周长120 m。崮顶东西长40 m，南北宽15 m，总面积600 m^2。为古寨遗址
11	小崮子	北距野店镇驻地3 km	海拔510 m。该崮为中寒武统巨厚石灰岩层，均厚30余米，周长230余米。崮顶南北长100 m，东西宽20 m，崮顶面积1 000 m^2。为古寨遗址
12	锚头崮	西北距野店镇驻地4 km	海拔450 m。该崮为中寒武统石灰岩层，厚20余米，周长300 m。顶部南北长100 m，东西均宽30 m，面积1 333 m^2
13	艾山崮	坦埠镇以西的故县村西邻	海拔369 m。山巅的碧霞元君庙原为宋代所建，距今千余年的历史。艾山自然人文景观荟萃，原庙宇、山门、院墙整体建筑错落有致，古朴典雅，为远近闻名的道教文化圣地
14	海龙寨	坦埠镇西北约5.7 km处	山寨四周都是峭壁，易守难攻。山寨的历史据说可以上溯到金元时期
15	云头崮	坦埠镇西北5.8 km处	海拔560 m。崮顶东端岩石崖壁陡峭，远望呈灰白色，直插云霄。崮的最下层至顶层（由老到新）依次为石灰岩、黄色页岩、紫色页岩、石灰岩（崮顶）
16	杨家寨崮	旧寨乡东南2.8 km处	海拔391 m，面积2 km^2，比邻云蒙湖，风景秀丽
17	腾龙崮	旧寨乡东北6 km处	海拔约300 m，整个崮区占地面积10.67 km^2
18	茂崮寨	旧寨乡东北8.2 km处	海拔433.5 m，面积1 km^2
19	梓龙崮	旧寨乡和坦埠镇交会处	高高的龙头崮向西展望，旧寨乡庙后村、九峪子村、李家宅子、东彭吴村依附于它的周围。环首而居，安静祥和
20	黄崖顶崮	旧寨乡东北7 km处	海拔626 m，面积0.5 km^2。山顶建有庙宇，有石碾、石磨、石墙等遗物
21	梓阳山寨	旧寨乡驻地梓阳山上	海拔220 m，占地40 000 m^2。崮体保存较差，但寨墙保存较好

图3-36 瞭阳崮

图3-37 司马寨远眺及寨上庙宇

图3-38 司马寨寨门石垛

图3-39 司马寨顶石舂和石碾

图3-40 阁老崮

图3-41 尖崮

图3-42 云台崮顶

图3-43 奶头崮

图3-44 小崮子

图3-45 云头崮远眺（左）及其崮体底部的侧向侵蚀槽（右）

图3-46 杨家寨远眺和崮壁近照

图3-47　从杨家寨远眺云蒙湖

图3-48　腾龙崮远眺

图3-49　茂崮寨风光

图3-50　黄崖顶崮风光

图3-51　梓阳山寨寨墙

岱崮地貌辐射区

岱崮地貌辐射区范围内，主要介绍一下平邑的太皇崮和费县的柱子山（表3-3，图3-52、图3-53）。

表3-3　　岱崮地貌辐射区崮的基本情况

序号	名称	位置	基本情况
1	太皇崮	平邑县白彦镇南	海拔505 m，崮体四壁峭立。崮体由上、下两个巨厚层碳酸盐岩地层构成，东西两端的下层碳酸盐岩层面展出为平台，上有石臼等遗迹。抗战时期，太皇崮一带属我鲁南抗日革命根据地，1943年3月24日发生过抗击日本侵略者的太皇崮战斗
2	柱子山	费县城西南17 km处	海拔426 m，面积2 km^2，因山峰直立如柱而得名。山体由古生界寒武纪砂页岩及石灰岩构成。因巨匪刘黑七被击毙于此而闻名

图3-52 巍巍神殿般的太皇崮（转引自李存修著《岱崮地貌发现记》）

图3-53 费县柱子山

Part 4 名崮荟萃

在我国，“沂蒙七十二崮”呈崮群集中连片分布，天下称奇，其他地区一些典型、闻名遐迩的崮形地貌，多以单独的方山或桌山形式存在，如同稀世的夜明珠，散布于神州大地。

齐鲁名崮

崮，已成为山东大地上的标志物。这一“地之神秀，山之骄子”以其独有的风韵、巍峨的雄姿，与泰山、崂山、昆嵛山翘首相望，构成了一幅蔚为壮观的山东大地画卷。齐鲁大地上，除了“崮乡探奇”一章中述及的天下奇观——沂蒙群崮之外，还有地学名崮——馒头山、红色之崮——孟良崮、鲁南小泰山——抱犊崮、天上王城——纪王崮和花岗奇峰——沂山双崮等齐鲁名崮。

地学名崮——馒头山

在齐鲁名崮中，有一座蜚声中外的中国地质名山，就是坐落在济南市长清区张夏镇境内的馒头崮，亦称馒头山、馍馍山。它位于济南市以南、泰山之北、京沪与京台高速公路东侧，距离济南市区仅20多千米。早在1903年，美国斯坦福大学的两名教授就对馒头崮进行了地质调查，首次编制出新泰以北和张夏一带的小范围地质图，并对馒头页岩、张夏石灰岩、崮山页岩、炒米店石灰岩、济南石灰岩等5个组级岩层单位进行了命名，奠定了中国华北寒武纪-奥陶纪地层划分的基础，受到世界各国地质专家的极大关注。海拔408 m的馒头山，因形似馒头得名。近百年来，经中国一代又一代地质科研人员的不断探索研究，在张夏馒头山地区发现了17个三叶虫生物带（图4-1），并确定馒头山为一处生物地层、年代地层、岩石地层、层序地层最完整的寒武纪地层层型剖

图4-1　三叶虫化石

面，从而成为中国寒武纪地质结构划分的标准山，被地质界公认为中国地质名山，并被收录入世界各地高等院校地质学专业教科书。这里是进行层序地层学研究、多重地层划分对比的理想剖面，是地质科学科研最为有利的地区，是不可多得的“地学实验室”，也是进行地学科普教育的极好基地。

为保护此处珍贵的地质遗迹资源，2001年山东省人民政府以鲁政字〔2001〕122号文批准成立地质遗迹保护区，2004年山东省国土资源厅批准其成为省级地质公园。

层序完整的寒武纪地层剖面

张夏镇馒头山剖面出露张夏组石灰岩以下的页岩、云泥岩为主的地层（即馒头组页岩）。崮山火车站东侧虎头崖到黄草顶剖面张夏组（张夏阶）石灰岩层出露完整，剖面顶底界线明显，化石丰富。崮山镇（今长清区崮云湖街道，2003年撤镇设街道，由于地学中多以崮山命名年代地层，本书中仍取旧称“崮山镇”）东北的唐王寨剖面，崮山阶、长山阶出露齐全，化石富集易采，是研究崮山阶顶底界线、长山阶顶底界线和它们内部生物带划分的有力剖面。崮山镇东北的范家庄剖面，凤山阶各层出露完整，除三叶虫化石是凤山阶特有的种属外，在剖面的西北端点处的奥陶系底部含有丰富的角石。张夏崮山地区发育完整的寒武纪地层，其与25亿年前所形成的变质基底岩系之间为异岩不整合接触。馒头山北坡出露的不整合现象清晰而典型，为省内外所罕见。该处地层出露完好，界线未被掩盖；在不整合面之上的寒武系底部底砾岩，其砾石成分中所包含的下伏变质花岗质岩石清楚可见；不整合面之下可见到早前寒武纪基底岩系顶面古风化裂隙中，沉积“倒贯”形成垂直贯入的沉积“脉”。在范家庄剖面上，寒武系顶与奥陶系之间为整合接触，但是其岩石界线十分明显，其上为白云岩，含早奥陶世的角石类化石；其下为晚寒武世灰岩或白云质灰岩。就整个山东寒武、奥陶系之界线来说，它是岩石地层界线与年代地层界线相一致的典型出露地。

张夏–崮山地区的寒武纪地层总厚度570.38 m，记录了大约3000万年的海相沉积历史，自下而上分为朱砂洞组、馒头组、张夏组、崮山组和炒米店组。朱砂洞组只发育丁家庄白云岩段，主要由燧石结核白云岩组成。馒头组为一套紫红色沙质页岩、砂岩夹泥质白云岩、灰岩和鲕粒灰岩的岩石组合，反映了障壁海岸线潮坪环境的沉积特点。张夏组下部为厚层鲕粒灰岩，为碳酸盐台地鲕粒滩沉积；上部为藻屑藻凝块灰岩，反映了藻泥丘环境的沉积特点。崮山组以黄绿色薄层泥灰岩、页岩、砾屑灰岩为主，为海盆环境的沉积。炒米店组下部为砾屑灰岩、鲕粒灰岩、藻礁灰岩，上部以云斑灰岩为主，发育虫迹构造，同时夹有砾屑灰岩、鲕粒灰岩，反映了当时海水加深的变化过程，即“浅海斜坡-浅海盆-中深浅海-浅海”的变化特点。

丰富多彩的沉积构造现象

张夏崮山地区寒武纪地层剖面上，可以观察到各式各样、丰富多彩的沉积构造现象，它们是分析追溯古沉积环境最可靠的标志。大型斜层理是滨海沙滩沉积环境留下的地质遗迹；波状或水平微细层理反映了潮下低能沉积环境；馒头组薄层砂岩中保留清楚的波痕对于分析当时的海水深度、海岸线方向具有重要意义；馒头组石店段和下页岩段中常见有泥裂、“帐篷”“鸟眼”“鸡笼铁丝”等构造现象。这些都说明该地区在早寒武世和中寒武世早期处于潮坪环境，海平面震荡，沉积物表面多次暴露出水面。毛庄阶顶部有一层核形石灰岩，是潮间-潮下环境海水动荡条件下藻类生物活动与沉积共同作用下的产物。炒米店组下部发育厚层叠层石灰岩、藻礁灰岩，叠层石呈柱状，柱体间填隙物多为藻屑灰岩、鲕粒灰岩和泥晶灰岩，大量藻体形成反映了该地处在浅海盆地，气候温暖，阳光充足。在唐王寨剖面上，炒米店组下部的藻礁灰岩较厚，沿走向向剖面两侧变薄，礁体形态清晰，礁体生长的末期，海水变浅，水动力条件发生较大变化，使藻礁削顶。崮山组和炒米店组下部碎屑灰岩发育，特别是长山阶之底部，竹叶状砾屑灰岩更具特色，“竹叶”多具紫红色氧化圈常直立状，具醒目的涡卷状和倒“小”字形结构。张夏组鲕粒灰岩中常见由内碎屑形成的粒序层构造构成、形式多样的副层序类型，每个副层序界面均显示有水下间断和冲刷遗迹。

宝贵的古生物化石

赋存丰富且保存完整的古生物化石，是张夏-崮山地区寒武纪地层剖面的特色和优势，也正因如此，该剖面成为华北乃至全国寒武系对比的标准，受到中外地质学家的高度重视。尤其是该地层剖面赋存的三叶虫化石，数量多，垂向分布连续性好，在一些重要层位富集，化石保存完整，特征明显，易采并利于鉴定，具有地质时代的阶段性特征。在该剖面上建立起来的三叶虫化石带，在划分对比寒武纪地层中具有重要意义。到目前为止，在张夏-崮山寒武纪地层剖面上所发现的三叶虫化石近百种。其中，有的种属是在张夏、崮山地区首次发现和命名的，如徐庄虫、馒头裸壳虫等。张夏-崮山寒武系剖面上的三叶虫化石为年代地层划分提供了可靠依据，该剖面岩层中所产的大量球接子类化石对于寒武纪年代地层"阶"的厘定具有重要意义。除三叶虫化石外，瓣鳃类、腕足类、藻类以及牙形石等也出现于该剖面上，同样对分析古生态及古环境具有重要意义。在张夏-崮山寒武系剖面上，还有大量的古生物遗迹化石出现，如爬痕、觅食痕、虫孔以及形式多样的虫迹构造，这些都是生态环境分析的重要地质遗迹现象。

宏伟壮观的石灰岩貌地质景观

张夏-崮山寒武系厚层石灰岩，由于岩石坚硬，岩层近水平，其下又是馒头组较松软易风化的碎屑岩层，极易形成"崮"形地貌景观。这里有馒头山（图4-2），其西北不远处有馍馍顶（图4-3），气势雄伟，形态奇特，给大自然增添了美的色彩。另外，张夏组石灰岩分为上、下灰岩段，两段在地貌上形成两大陡坎带，形如石长城（图4-4），其间出现一个缓坡带，植被发育，与崮山组软岩层形成的缓坡带构成两条宏伟的绿色环山带，形成了该区域一大自然景观。

图4-2　馒头山

图4-3　馍馍顶

图4-4　石长城

红色之崮——孟良崮

地貌特征

孟良崮主峰与其两侧的大崮顶、芦山大顶呈北西向斜列，突兀于群山之上。由于高差较小，远看山体平坦如崮。孟良崮除了具有岱崮地貌的全部特性外，没有石灰岩类崮所特有的帽式崮顶，山势陡峻，遍布古老的太古界泰山群变质岩（图4–5），古元古代傲徕山岩套孟良崮蒋峪岩体包体带遗迹（图4–6）。

图4–5　泰山岩群包体

图4–6　孟良崮包体带

条纹状中粒英云闪长岩体

在孟良崮地区，呈北西–南东方向的带状展布。侵入泰山岩群，被西官庄岩体涌动侵入。岩体内脉岩主要为南北向辉绿岩脉及少量的二长花岗岩脉，岩体宏观上以岩性较为均一为特征，包体较少，局部见有少量泰山岩群残留体，发育片麻状构造，条纹条痕状构造。

古元古代傲徕山岩套孟良崮蒋峪岩体包体带遗迹

孟良崮包体带主要由蒋峪条带状黑云二长花岗岩组成，内有大量条带状或角砾状太古代地壳包体，如泰山岩群变质地层包体，蒙山期、峄山期的侵入岩包体。带内浅色条带由二长花岗岩组成，不同于钠质条带为主的早期构造带，说明本带形成时间较晚，在2 500~2 450 Ma，五台运动形成。

该带的形成经历了太古宙地壳发生断裂破碎、元古宙早期二长花岗质岩浆沿断裂侵入的复杂过程，是本区第三期区域变质作用（2 500 Ma）造成太古宙地层深熔，形成二长花岗质岩浆沿古断裂带上侵，发生构造挤压造山运动和边缘混合岩化的结果。带内的剪切作用，表现为条带状岩石中角闪石岩、闪长岩、斜长角闪岩等包体的转动，不同原岩的构造包体和构造透镜体中在同一个较强的变形带，以及片内剪切褶皱的发育等现象。因为处在角闪岩相变质作用条件下，存在较高的温度，使变形岩石中显微结构和同构造的晶体亚组构由于重结晶恢复而消失掉，所以不发育糜棱岩。

该包体带形成时期，可能正是沂沭断裂带早期活动时期，沂沭断裂带内及两侧条带状黑云母二长花岗岩中，有大量泰山岩群磁铁石英岩、斜长角闪岩和峄山期角闪石岩、闪长岩包体或团块。有些包体相间不远，其形状可看作原为一块岩石，被拉张开后有二长花岗岩侵入。

红色崮事，因战成名

沂蒙地区的每个崮几乎都曾洒下过革命烈士的鲜血。沂蒙群崮是战争的崮，是革命的崮，是红色的崮，孟良崮无疑是其中最红的一个。

孟良崮地处沂蒙山区腹地蒙阴县东南与沂南县交界处，海拔575 m（图4-7）。相传北宋名将孟良曾在此安营扎寨、操练兵马而得名，山上拴马石、劈剑石、跑马梁等名胜都与之有关。孟良崮与其西南方的大崮山、东南方的雕窝山三崮鼎立，形成掎角之势，易守难攻，为兵家必争之地。1947年5月，我华东野战军在陈毅、粟裕（图4-8、图4-9）等同志的指挥下，在此一举歼灭了美械装备武装的国民党七十四师，击毙师长张灵甫，从此，孟良崮名扬四海，成为最著名的红色之崮。

图4-8 粟裕（左二）指挥孟良崮战役（1947年5月，华东前线记者杨玲）

图4-7 孟良崮

图4-9 陈毅、粟裕雕像

现在，孟良崮战役指挥所、防空洞犹存（图4-10）。山麓泉桥东北岭上建有孟良崮烈士陵园，总面积55 440 m^2。园内建有720 m^{2}的大型陈列室一座，内分5个陈列部分。园内葬有2 840名烈士，其中有红军团长杨万兴、山东临时参议会驻会议员陈若克、山东纵队宣传部长刘子超等。杰出的无产阶级革命家粟裕的部分骨灰亦葬于此。1948年建立孟良崮战役纪念碑，耸立于大崮顶（图4-11）之巅的白色碑身，高20 m，分外引人注目，三把刺刀鼎立，象征取得战争胜利的三股人民武装力量——野战军、地方部队和民兵。纪念碑基座呈步枪托状，黑色大理石贴面碑上镌粟裕题写的“英雄孟良崮”和陈毅的词《如梦令·临沂蒙阴道中》。

图4-10　孟良崮水洞

图4-11　大崮顶

孟良崮战役

抗日战争胜利后，全国人民企盼和平，中国共产党积极争取通过和平的道路建设一个新中国，但国民党却坚持独裁和内战。在完成战争准备后，撕毁停战协议，以进攻我中原解放区为起点，挑起全面内战。战争开始时，敌我双方力量对比悬殊，人民军队处于战略防御阶段。

1947年，国民党军队采取哑铃战术，抽调兵力向陕北、山东两解放区发动重点进攻。国民党为了实施对山东解放区的重点进攻，委任其陆军总司令顾祝同组成陆军总司令部，统一指挥原徐州、郑州两绥靖公署的部队等共约45万人。国民党军队为避免在进攻中被我军分别歼灭，采取“加强纵深，密集靠拢，稳扎稳打，逐步推进”的方针。3月下旬，敌人发起进攻，到4月上旬，由于敌强我弱，敌人已侵占鲁南解放区，打通了兖州到济南的铁路和临沂到兖州的公路，随后向鲁中山区进攻。我军为打破敌人进攻，发起几次战役，但因敌人高度集中，不受我军行动所调动，而我军急于求成，战役企图过大，兵力不集中，虽先后歼灭敌人28 000余人，但未达到预期目的。

5月初，中央军委指示华东野战军对密集之敌要有耐心，不要分兵，待机歼敌。为此，华东野战军首长果断决定第一、七纵队停止南下，野战军主力后退一步，集中于莱芜、新泰、蒙阴以东一带待机，已南下的第六纵队隐蔽于鲁南待机配合主力作战。我野战军主力向东转移，顾祝同下令国民党军各部跟踪进剿，其第一兵团司令汤恩伯改变稳扎稳打、齐头并进的战法，不待各友邻兵团统一行动，即以整编七十四师为主，整编二十五、八十三师在左右两翼配合，以沂蒙公路上的坦埠为主要目标，于5月11日向北进犯我军。在查明敌将于5月12日全面进攻、敌第一兵团准备以七十四师为主攻占坦埠等地的作战计划后，华东野战军副司令员粟裕果断决定，迅速集中5倍于该师的兵力攻打围歼。13日，七十四师向我坦埠以南阵地进攻，被我军打退。当晚，我军利用山地复杂地形，隐蔽地楔入七十四师与其左右邻的结合部，割断了七十四师与二十五、八十三师的联系。七十四师见势向南收缩，我军立即发起全线进攻，分段打断敌军长蛇阵，封住其退路，将七十四师包围于孟良崮以北的狭小地区。此时敌统率部认为七十四师战斗力强，且与左右邻靠近，是与我军决战的良机，于是一边令该师坚守阵地吸引我军主力，一边命令周围的10个整编师火速向孟良崮支援，企图里外夹击，围歼我军。

我主力部队对被围的七十四师发起猛攻，七十四师抵挡不住，于15日下午向南、西、东三个方向突围，均未得逞，我军乘机攻占几个阵地将其逼压在孟良崮、芦山等山头上，敌各路援军在我阻援部队的打击下难以发挥增援作用。16日，我军在猛烈炮火掩护下连续冲击，终于在下午5时将整编七十四师及整编八十三师一个团，共32 000余人全部歼灭，击毙七十四师师长张灵甫。

孟良崮战役，是我军在敌我力量对比上我军处于劣势的条件下，集中数倍于敌的优势兵力所取得的胜利，创造了我军在敌重兵集团密集并进的情况下从其战线中央割歼进攻主力的范例。此役的胜利，不仅在心理上极大地震撼了国民党军队，也打乱了国民党军队在山东的重点攻击部署。他们不得不对战役计划作新的调整。40天后，重新发起的攻势已没有了初期的强劲势头，又由于华东我军纷纷向内线出击，7月中旬，国民党军队在态势上已处不利之势，结束了对山东解放区的重点进攻。

孟良崮战役中整编七十四师被全歼，沉重打击了国民党的嚣张气焰，鼓舞了人民解放军的士气，使我军由弱转强，使全国的军事、政治形势发生了重大变化，是解放战争由战略防御转为战略进攻的重要转折点，为刘邓大军挺进中原奠定了基础。

陈毅同志赋诗《孟良崮战役》赞曰："孟良崮上鬼神号，七十四师无地逃。信号飞飞星乱眼，照明处处火如潮。刀丛扑去争山顶，血雨飘来湿战袍。喜见贼师精锐尽，我军个个是英豪。"

"鲁南小泰山"——抱犊崮

醉美抱犊崮

曾闻湘水有君山，
今见君山齐鲁间。
借问峰头斑竹妃，
几时飞过洞庭湾。

这首诗是清代诗人雷晓游览抱犊崮之后乘兴所作。读后令人遐思，不禁产生寻芳览胜之情。抱犊崮是一座雄奇的山，它历史悠久，景色宜人；抱犊崮又是一座英雄的山，它是沂蒙红色革命的发源地之一，这里播下了革命的种子，这里燃烧过抗争的火焰。"抱犊崮"这个名字一次次与历史事件息息相关，并且在历史的烟云中越发彰显出其独特的魅力……

抱犊崮位于枣庄市山亭区北庄镇与临沂市兰陵县下村乡交界处，主峰海拔584 m（图4–12至图4–15）。崮顶高耸平阔，山肩对称陡峭，若一峨冠危坐的君子，为鲁南群山之尊，故有"君山"之

图4–12　枣庄抱犊崮远眺（上图）及厚层碳酸盐岩中的岩浆岩夹层（下图）

图4-13　抱犊崮

图4-14　抱犊崮近景

图4-15　抱犊崮远景

称。汉称楼山，魏称仙台山，明清时称君山，是一座集自然景观、人文景观于一体的名山。山势突兀、巍峨壮丽、泉流瀑泻、柏苍松郁，为鲁南第一高峰，被誉为“天下第一崮”。自古以其独有的“雄”“奇”“险”“秀”而著称，被誉为“鲁南小泰山”。崮顶占地数十亩，松柏茂盛，苍翠欲滴，奇花异草，满崮烂漫。其上有水池两处，深数尺，常年不涸，晴空之夜，池映明月，微波荡漾，人称“天池印月”。立崮顶东眺黄海，云雾缭绕，有“君山望海”之称。极目南天，平野如画。崮西麓脚下有华清观、巢云观旧址，碑碣石刻尚存。观前有千年古银杏，干围5 m有余，枝繁叶茂，遮天蔽日。观后有水帘洞、桃源洞等，洞内外石壁上雕有千姿百态的佛像，洞内有钟乳石、石笋、石花等岩溶沉积物。

抱犊崮崮体为巨厚层寒武系碳酸盐岩，厚40余米。在厚层碳酸盐岩中下部夹有一层紫红色岩浆岩层，厚达数米。这是齐鲁名崮中独有的岩石景观。而碳酸盐岩层中有大型溶蚀洞穴发育。

抱犊崮是国家级森林公园，森林覆盖率为97%，是山东省罕见的自然生杂木林汇集区，国内亦属少有。景区内有植物计165科627种；有鸟兽类138种，其中属国家级保护的14种；有昆虫10目82科295种。植物中珍贵的有八角枫、鹅耳枥、流苏和槲栎等，具有重要的科学研究价值。抱犊崮属暖温带大陆性气候，含氧量高、负离子多、湿度大、空气质量优，为天然氧吧。春夏秋冬，四季分明，山光各异，春报桃李争艳放，夏暑浓荫不侵肌，秋染红叶醉扉芳，冬雪绽玉松梅奇。抱犊崮崮体突兀的岩石高达百米，在方圆几十里内清晰可见，尤其是在白雪皑皑的冬天，远远望去，酷似日本富士山。自古以来，通往崮顶的唯有一线鸟道，凡登顶者，均沿着遮天蔽日的九曲路径登于崮下，再顺着古人凿出的“脚窝”“把手”，一步三翘首，抱石扶崖而上，令人心跳加速，惊险刺激。抱犊崮现已成为休闲、健身、科学观察、探险、旅游的好去处。

抱犊崮——寒武灰岩筑奇峰

抱犊崮山体顶部主要由古生代寒武纪九龙群张夏组灰岩组成，其下分布有长清群馒头组砂岩、沙质页岩、泥质灰岩、薄层灰岩及朱砂洞组灰岩、泥质灰岩等。崮的成因主要是古生代寒武纪灰岩经受了强烈的地壳切割和抬升运动，并遭受长期的侵蚀、溶蚀、重力崩塌和风化剥蚀等多重地质作用而形成。

抱犊崮的地貌形态十分奇特，整个山体地势陡峭，坡度均匀，似日本的富士山，一般在20°~35°之间，接近崮顶基部可达45°以上，高近百米的崖壁，仿佛刀削斧砍一般峭立，立峭壁下仰瞻崮顶，犹如一座威武雄壮的万仞山城。崮顶岩石为距今5亿~6亿年间形成的寒武纪九龙群张夏组厚层鲕粒灰岩，抗风化能力相对较强，岩层崩落成四周陡崖壁立、中间平阔的地形；下部为长清群馒头组砂岩、泥质灰岩、粉沙质泥灰岩及页岩，在长期的风化作用中，岩层破碎、流失，形成坡度较缓两侧对称之形态。两组岩石接触界面明显，界面以上巨石覆盖，岩石裸露，垂直节理发育，四周峭壁如削。界面以下的山坡中段，坡度由陡到缓，一般在20°~35°以上，岩石松软，为粉沙质泥灰岩、页岩，易风化剥蚀，水土流失严重；山坡下段，坡度显著减小，一般为8°~10°，岩石为沙质页岩。

抱犊崮——洞天福地誉华夏

抱犊崮远离尘嚣，山深林静，自古就是佛、道两教同地生辉的名山胜地，享有“洞天福地”之誉。晋代葛洪在其著作《抱朴子》中把抱犊崮与泰山、安血山、崂山、嵩山、五台山、峨眉山、罗浮山等并列为“图经宇内三十二福地”，至今山顶还存有遗迹——真人炼丹洞。山中佛教寺院、道教宫观依山而设，建造精美，各具风格，素有“东寺西观”之说，自古以来为遁隐名士和佛道教徒所仰慕。

东寺指崮东麓灵峰寺，历史上号称“佛刹丛林，清虚盛景”，相传为天下三十六福地之一。从寺中残存的碑文看，寺庙建于汉，为如来佛行宫，历代王朝“敕封榜谕”，几经修葺，现存遗址佛楼门匾上清雍正皇帝亲笔御书“释加文佛”，被古今渴求功名的善男信女顶礼膜拜。灵峰寺鼎盛时期，殿宇轩昂，气势宏丽，300余僧咸集于此，拜佛诵经，香烟缭绕。2003年出土的唐贞元十九年的石碑记载，李世民“玄武门之变”登基后，在全国广修寺庙多行善事以谢天恩，专派大将尉迟恭前来监视灵峰寺的整修扩建工程。灵峰寺几经战乱，多次被战争破坏，经宋、元、明、清等朝代多次修复，现存重修灵峰寺的碑记就达60通之多。其中，以清朝修复次数最多，现灵峰寺东面钟楼上嵌的碑就是清乾隆六年所立的重修天台山灵峰寺时所制，碑记云：“天台山下有一灵峰寺，其来甚久，同一寺也，而独日灵峰，必其灵遍观庭院，何其幽深静雅，仰视殿宇，何其俊伟森严。”由此可知，灵峰寺从建寺时起就是僧人云庥，香客如涌。20世纪二三十年代，兵祸连连发生，千年古刹成为一片废墟。2002年，苍山县（今兰陵县）投资重修灵峰寺，现存的佛楼、钟鼓楼遗址已被修复并对游人开放，使这座千年古刹再展当年雄姿。

在抱犊崮山顶崮门东边数十步的巨壁下，有十八罗汉洞，传说是灵峰寺得道高僧坐禅的地方，洞内石壁上刻有佛像浮雕大小共19尊，造型生动，情态逼真，虽历经沧桑但神韵犹存，仍可辨认出观音、弥勒、罗汉、金刚等。

在抱犊崮西南麓，有一条幽静的深谷，这里原有古宗教建筑两座，称为华清观、巢云观，俗称上、下观。至今遗迹犹存，碑碣石刻历历在目。上观院内有一棵大银杏树，虬枝旁逸，如擎天巨伞，至少有上千年历史了。

三清观坐落在抱犊崮西南麓的一条深涧里。这里草茂林丰，遮天蔽日，掩映其中的三清观古朴典雅而又神秘。三清观自唐代始建以来，就是鲁南地区的道教活动中心，这里供奉着道教最高的神祇——三清（玉清元始天尊、上清灵宝天尊、太清道德天尊），三清观之名源于此。

抱犊崮——名山俊景醉游人

晴日的早晨登临崮顶观云海日出，只见云水一色，曦晖初显，一轮丹阳冉冉跃出云海，蔚为奇观。有诗赞曰：

峭壁早邀沧海日，
方台平宿泰山云。
阳城十二皆东走，
坐老乾坤是此君。

抱犊崮山洞遍布，有的在山间悬崖密林深处，有的在山顶峭壁云雾之间，其中有名可寻者有月蟾洞、观音洞、桃源洞、水帘洞、十八罗汉洞、黄龙洞等，或深邃莫测，不见端倪，或甘泉涌出，清洌剔透，或刻浮雕神像，栩栩如生。月蟾洞据说是月宫的金蟾犯戒之后被贬到凡间思过养性的地方；观音洞供奉的是观音菩萨，她背靠抱犊崮，双手合十，面朝大海，普度众生；传说古代有黄龙居此苦修，后修成正果列入仙班，故而得名黄龙洞；水帘洞洞口石壁上终年有泉水渗出，断断续续，如挂着一副玲珑剔透的水晶帘。稍高处有个桃源洞，洞口大树盘根错节，洞内坦如平地，宛如小庙堂，系当年孤身老道修炼栖息之处，有人把这里称为“海西第一洞天”。这个洞幽深莫测，当地有“桃源洞内点火，猪尾巴洞（在崮顶）冒烟”之说，很可能是个相通连的溶洞。真是洞洞传奇，令人流连忘返。抱犊崮山下还有江北罕见的大型溶洞群，为岩溶溶洞，洞中有洞，怪石嶙峋，令人不禁感叹大自然的神奇造化。

从抱犊崮东麓登山，一路还可以观赏到刺猬出山、老鹰崖、红叶谷、一线泉、崖巅听涛等景点。抱犊崮东面山坡上有一块巨大的飞来石，石头周围布满不同形状的泥沙石刺，看上去好像一只刚刚窜出草丛的刺猬，叫刺猬出山。老鹰崖位于崮顶悬崖峭壁之上，是一个灵猿不攀的探伸巨崖，因成群的老鹰栖息繁殖于此而得名。民间还有一种叫法，叫它"天书台"，传说是当年张天师设坛向弟子们传授天书的地方。红叶谷在山坡陡涧之中。抱犊红叶为鲁南一绝，这里的树主要是麻栎和黄栌，秋天到此，十几个品种的千万棵红叶树在秋风中舞动，仿佛一幅五彩斑斓的水彩画，令人流连忘返。一线泉是崮身陡崖上端石缝中喷出的一股山泉，瀑布飞挂，宛如银练。它不因雨水而狂涌，也不因大旱而干涸，春夏秋冬始终保持着不变的长长流线，所以叫作一线泉。抱犊崮北麓山势高耸，陡壁悬崖之上有片带状平坦阔地长着大片针叶松，林密叶茂树态千姿，春映花海，冬展青翠，酷暑时于林荫下小憩，清风摇枝，松涛阵阵，另有崖畔响泉伴鸣，风声水声相谐成律，妙不可言。置身林下，心舒神娴，这就是崖巅听涛。抱犊崮西南麓还有目观沟、凤凰崖、走马岭墨松林、天镜峰等景，可谓处处是景，景景迷人。

抱犊崮山水相融，景色优美。山东麓会宝湖、双河湖像两位妩媚的少女依偎在抱犊崮的怀抱里。会宝湖水面面积15 km^2，控制流域面积420 km^2，总库容2.09亿m^3，是一座集防洪、灌溉、发电、游览于一体的大型水库。1999年国家投资9 860万元对会宝水库除险加固，修建后的水库不仅增加了防洪、灌溉等综合性开发能力，而且开发了新型水上娱乐、湖中垂钓和度假村等。游弋湖上，有高峡平湖之神妙，青山碧水之灵韵，浩瀚大海之宽阔，或朝或暮，或晴或阴，幻化无穷，令人神往。双河湖湖光山色，碧波千顷，湖中的钓鱼岛已建成集休闲、度假、垂钓、疗养于一体的大型娱乐场所。

"春来花遍野，秋去枫满山。行入抱犊崮，树外疑无天。"随着旅游开发，今天的抱犊崮更加美好。它融悠久的历史文化、优美的自然景观、优雅的现代气息为一体，成为鲁南吃、住、游、娱为一体的著名风景区，吸引着越来越多的中外游客前来游览观光。

抱犊崮是比较典型的"岱崮地貌"，它下节是悬崖陡壁，峰回路转，沟壑纵横；上节山顶平展，外观圆形，状似日本的富士山，是鲁中泰岱、沂蒙诸山脉南行至此的结聚。在下节山体的桃源洞中曾发现了骨骼化石、鹿角化石和草木灰化石。根据草木灰化石推断，桃源洞很可能是原始人居住过的山洞。近几年，在抱犊崮附近还发现了石钺、石刀、石斧、石凿等文物，这些都属于新石器大汶口文化遗物。石器时代是考古分期最早的一个时代，它分为旧石器时代（有巢氏）、中石器时代（母系氏族）和新石器时代（父系氏族）。古籍《遁甲开山图》有记载："有巢氏居石楼山。"石楼山就是抱犊崮，可见在旧石器时代就有人类在此繁衍生息。山脚下的王岭遗址、小古村遗址也是远古历史的见证。丰富的地质岩层记载着华北寒武纪十几亿年的地质史，大量的生物化石诉说着远古的繁盛，抱犊崮在考古学中的地位可见一斑。

抱犊"崮"事响神州

英雄"崮"事

抱犊崮地势险要，历来为兵家必争之地，现存有的两通石碑记述了抱犊崮历史上发生的重大事件。一通刻于清代的碑刻记载，抱犊崮自明代以来便是农民起义军的营寨。清代咸丰年间，刘双印、李希孟等幅军领袖在这里活动，他们凭险固守，同清军进行多次交锋，给清军以重创。当时不仅有许多贫穷的山民参加了义军，就连巢云观的僧人也同起义军同呼吸、共命运。另一通刻于民国时期的《峄邑抱犊崮葬埋尸骨》碑文则记述了1923年5月6日发生的"临城劫车案"的一些史实。

民国初年，军阀混战，灾害频发，民不聊生，山亭区清末秀才孙美珠，伙同其弟孙美瑶，仿梁山效水浒聚众起事，天险抱犊崮便成为他们立足的天然基地，鼎盛时人马4 000多人。1920年清明节，孙美珠召集各路盟首议事，宣布成立"山东建国自治军五路联军"。北平政府视自治军为心腹大患，急令山东督军为剿匪司令，对抱犊崮形成了铁壁合围之势，孙美珠在西集战斗中身亡，山上水粮俱绝，随时都有被歼灭的危险。以孙美瑶为首的司令部在抱犊崮石洞中召集紧急会议，根据已掌握的消息，制定了"围魏救赵"、大闹津浦线的决策。

1923年5月6日凌晨，由上海浦口开往北平的世界联运客车第二次特别列车，行至沙沟和临城站之间的姬庄附近时，突然脱轨，骤而枪声大作，孙美瑶共劫持美、英、法、意等国人质39人，其中有美国红十字会护士总代表、法国公使馆参赞、美国总统顾问以及一批中外记者等。他们全部被劫往抱犊崮。临城劫车的消息翌日传到北平，立即成为轰动世界的大新闻，驻北平的十六国公使向北洋政府提出强烈抗议，北洋政府大总统黎元洪、内阁总理张绍曾慌了手脚，急派两位代表前去谈判。谈判时，孙美瑶提出10个条件，包括要求官军全部撤回原防，曹锟下台，镇压“二七”罢工的吴佩孚向工人道歉等。几经反复，从5月11日到6月12日，历时一个多月，总算达成协议，北洋政府答应将孙美瑶等3 000人招安，为山东新编旅，委任孙为旅长。担保2 700人饷项，拨款85 000元，人质全部释放。但北洋政府并未放过心腹大患，曹锟在窃取了军政大权之后，令兖州镇守使张培荣在枣庄中兴煤矿摆下鸿门宴，将孙美瑶诱杀，随之山东新编旅解散。临城劫车案虽以孙美瑶被害而终，但却给风雨飘摇的北洋政府以致命的打击。这一段悲壮的故事使抱犊崮更增添了历史名山的含义。

红色“崮”事

抱犊崮是沂蒙山区红色革命的发源地之一。早在1930年，抱犊崮山区便成了鲁南地区孕育红色革命的摇篮。当时由当地知名人士万春圃倡议在山下大炉村开办小学，1931年“九一八”事变之后学校请来了两位实为地下共产党员的聂姓教师，一个叫聂立人，一个叫聂益人，是兄弟俩，二人经常拜会万春圃，共谈国家大事，宣传抗日救国道理，并在暗中建立当地党的地下组织，这就是当地人们所说的“万三从山西引来红军”的初始。“苍山暴动”失败以后，白色恐怖笼罩着鲁南大地，我党为了开辟抱犊崮山区的革命工作，苏、鲁、豫、皖边区特委于1934年冬派李韶九、郭致远（郭子化）以行医为掩护在这一带活动，暗中发展党的地下组织，为建立抱犊崮山区红色革命根据地奠定基础。抗日战争爆发后，我党组建了临、郯、费、峄四县边联群众武装——农民抗日自卫团。1938年3月，自卫团公开打出“守土抗战、坚决不做亡国奴”的旗帜，举行武装起义，成为在党的领导下活跃在抱犊崮山区开展抗日的骨干队伍。

1939年9月，罗荣桓率领一一五师进驻抱犊崮，将师部所属机关设在大炉及附近村庄，师部驻上大炉，罗荣桓政委、陈光代师长住在万春圃家中。万春圃不仅待人热诚忠厚，直爽大方，而且真心拥护我党和我党的抗战主张，深受罗荣桓的赏识。罗荣桓常常给万春圃讲国内外形势和八路军的历史传统，令他感到茅塞顿开，深受教益。他看到罗荣桓和战士一样穿的是褪色的军衣，盖的是打了补丁的被子，吃的是高粱煎饼就咸菜，与马夫、炊事员亲如一家，官兵们同甘共苦，非常感动，说："俺活了五十多岁了，还没见过这样的长官、这样的军队，真是仁义之师、王者之师啊！有了八路军，国家就有了希望了。"为了支援部队，解决供给困难，他不惜一切代价，打开了自己的粮仓，砍伐了南山的松林，并且动员当地士绅陈毓山、盛清沂、刘子才、王振辰等人，捐粮捐款支援八路军。仅陈毓山一次就献出几万斤小麦、300元大洋。

与万春圃部几乎同时加入八路军的，还有孔昭同率领的部队。孔昭同是滕县（今枣庄滕州市）人，是孔子后裔，曾在北洋军中当过中将师长和福建泉（州）兴（化）永（定）镇守使。北伐战争后，他解甲回乡，开药店，办学堂，济世育人。1938年1月，他与曾经当过阎锡山部军长的杨士元组织了鲁南民众抗日自卫军，活动于抱犊崮西北的滕县、邹县、泗水和费县之间。1939年12月，蒋介石掀起了第一次反共高潮，孔昭同毅然决定与国民党割断联系，接受共产党和八路军的领导，亲率人马到一一五师驻地大炉接受改编。一一五师坚持发扬红军的光荣传统，团结了许多在当地有一定声望的爱国人士，使他们在发展地方武装、开展敌占区贸易、瓦解日伪军方面都发挥了很大的作用。

一一五师进驻抱犊崮时，当地形势错综复杂，绝大多数村寨都控制在地主武装手里，他们的人数少则三十五十，多则成百上千，都接受了国民党政府的委任状，有的又明里暗里同敌伪勾结。在一一五师组织动员群众开展抗日武装斗争的过程中，有些反动地主武装关闭围寨，封锁给养，殴打抢劫工作人员，捕杀民运干部，气焰十分嚣张。为了迅速打开局面，一一五师决定采取行动，打击对八路军充满敌意的地主武装。

孔庄位于大炉南面十余里，是反动地主杜若堂武装控制的一个顽固封建堡垒。一一五师进驻大炉后曾做了大量工作争取杜若堂抗日，但杜若堂不仅置若罔闻，还不准我方人员在村外通行，袭击我过路部队，镇压抗日群众。一一五师决定攻打孔庄，消灭这股反动势力。但由于杜若堂行伍出身，懂得带兵打仗，而且凶狠狡诈，军事布置严密，所以两次攻打孔庄都惨遭失败。在认真分析总结前两次战斗经验教训的基础上，一一五师认真听取大家的意见和建议，确定了火鸡攻寨的作战方案。一天夜晚，部队悄悄围住孔庄，将上百只浇上汽油的鸡用柴把点着，让它们一齐飞向村寨。由于孔庄围寨内的房屋大部分是草房，寨内浓烟滚滚，烈火熊熊，八路军趁机以迅雷不及掩耳之势，突进寨门，俘虏了土顽，活捉了杜若堂。攻克孔庄的胜利，有力地震慑了大炉周围的反动地主势力，也大大鼓舞了广大军民的士气。随后，一一五师又陆续拔除了盘踞在费南马庄、天宝山、桃峪等地的日伪据点，一一五师在抱犊崮山区迅速打开了局面。

一一五师狠狠打击了地主武装顽固势力后，在当地党组织、人民武装的配合下，正确运用对敌斗争的方针，通过争取驻鲁东北军于学忠部、消灭地方顽匪王学礼部、讨伐顽固派县长李长胜等一系列重大战略行动，团结争取了友军和广大爱国民主人士，打击了国民党反共顽固势力，改变了日伪军、国民党顽固派、于学忠部与八路军犬牙交错的局面，终于在敌伪、顽、友、我各种矛盾云谲波诡的复杂形势下，开创了鲁南抱犊崮山区的新局面。随后，按照罗荣桓提出的“以抱犊崮为中心，向西向西北连接大块山区，向南向东南发展大块平原”的战略构想，一一五师又向南控制了临郯平原，打通了与华中区的联系，向西与湖西区、向北与鲁中区打通了联系，并东进向滨海地区发展，从而巩固和扩大了以抱犊崮山区为中心的鲁南抗日根据地。

一一五师在创建鲁南抗日根据地的过程中，得到了当地群众的拥护和支持。抱犊崮山区荒山秃岭，长期以来土匪抢劫，地主盘剥，群众生活异常贫困。但当看到战士们没有饭吃、没有衣穿却仍然英勇作战的情景后，许多群众把自己家里仅有的一点粮食、棉花拿出来送给八路军。众多的青壮年则离别了家人，毅然走上抗日救国的战场，仅抱犊崮山区边联县就有近千名青壮年报名参军，出现了“兄带弟，儿别娘，父送子，妻送郎，前呼后拥上战场，同心协力打东洋”的动人场景。抱犊崮山区军民在鲁南军区的领导下前仆后继，同日伪顽浴血奋战，谱写了可歌可泣的英雄篇章。罗荣桓元帅曾在抱犊崮山区生活战斗了近两年的时间，相继建立了苏鲁支队、运河支队、鲁南支队，在抱犊崮山下的南泉村建立了鲁南第一个县级红色政权——峄县抗日民主政府，建立了鲁南第一个农村基层党组织——大兆庄村党支部。

1991年，苍山县委县政府为弘扬党的优良传统，纪念一一五师在鲁南抗战中建立的丰功伟绩，把罗荣桓在大炉的办公旧址列为县级文物保护单位，定为进行革命传统教育的基地。在抱犊崮旅游开发建设中，又把罗荣桓办公旧址和村后高山上当年罗荣桓元帅指挥作战的指挥所、交通壕遗址均列为红色旅游主要景点。

抱犊"崮"事

相传，东晋道家葛洪（号抱朴子）曾投簪弃官，抱一牛犊上山隐居，"浩气清醇""名闻帝阙"，皇帝敕封为抱朴真人，抱犊崮因而得名。另一传说道，古时山下一王姓老翁，因无法忍受官吏的苛捐杂税，决心到又高又陡的楼山顶上去度残生，可老翁家的耕牛无法上去，他只好抱着一只牛犊上崮顶，搭舍开荒，艰苦度日。饥食松子茯苓，渴饮山泉甘露，久而久之，渐觉得神清目朗、风骨脱俗，后经一仙人点化，居然飞升成仙，抱犊崮因此而得名。清代诗人雷晓专门为此也作诗一首：

遥传山上有良田，
锄雨耕云日月偏。
安得长梯还抱犊，
催租无吏到天边。

抱犊崮历史悠久，西汉刘向的《列仙传》、东晋葛洪的《抱朴子内篇金丹》、唐李吉甫的《元和君县志》、清康熙间东轩主人所著的《述异记》等典籍中对此均有记载。抱犊崮久负盛名，历代文人墨客慕名前往，写下许多丽文华章，留有不少碑碣石刻，相传三国时魏国大臣、著名书法家钟繇曾学书于此，而清代诗人雷晓优美浪漫的《题君山》一诗更是脍炙人口，千古流传。

"天上王城"——纪王崮

纪王崮（图4-16）位于沂水县泉庄乡政府驻地西北4 km处，海拔577.2 m，面积约4 km²。呈南北走向，地貌奇特，山势陡峭，雄伟挺拔，中寒武统碳酸盐岩崮壁高20~30 m，崮体周长超过5 km，为崮形地貌特征，是岱崮地貌的组成部分。

图4-16　纪王崮远眺

在纪王崮山崖半腰处有一深约30 cm的断痕，被人们称为关公试刀石。从关公试刀石向南，便是纪王崮的南门——朝阳门，山门劈山而立，另有5道山门与山下相通，即北门塔子门、西门坷垃门、东门凳子门、西北门走马门和东南门雁愁门。六门之中，唯南门朝阳门可自由攀登，其他山门险峻难攀。

纪王崮是齐鲁名崮中面积最大、唯一有人常住的崮。“白云生处有人家”，徒步登上海拔570多米的纪王崮，尽收云际美景。远观纪王崮，其形态如一个大大的“如意”放在山上，东面微翘，中部顺势而低，过了中部又渐渐升起，到了西部又利落收起。立于崮顶，可清晰看到七十二崮中的磨盘崮、双人崮、纱帽崮等17个崮，好似一个个相互连接的“崮长城”（图4-17），更似连接天地间的阶梯，蔚为壮观。

为什么七十二崮中只有纪王崮上有成规模居住的人家呢？除了自然环境外，历史文化也是一个很重要的原因。纪王崮历史文化内涵丰富，据清道光七年《沂水县志》记载：“纪王崮，相传纪子大夫其国此，故名。”公元前256年，周后期纪国被齐国所灭后，42岁的纪王率领残兵败将不足百人一路北逃，来到当时叫作西大崮的此地避难，借此地地势险要、丛林密布，以防御敌人、重整旗鼓，以图东山再起，他在此地盘踞26年，修建金銮殿，终因力量悬殊而壮志未酬、郁郁而终，后人便把此崮命名为纪王崮，当地人也称纪王崮为“姬王崮”。纪王崮给后人留下了一座

图4-17 纪王崮上的军事设施——崮长城

神秘的古城堡遗址，也留下了众多的人文景观（图4-18）和许多优美的传说。较为著名的景观有纪王墓、妃子墓、金銮殿遗址、颜粉泉、关公试刀石等。

千百年来，纪王崮上一直断断续续有人在此躲避战乱，直到清朝末年，一户石姓人家迁至崮顶上定居繁衍，在几乎与世隔绝的状态下过着“天上人家”的世俗生活。如今，石姓人家已形成7户19口人的自然村落，属山下深门峪村的一个村民小组，尽管崮上人家通了电、看上了电视，还有3户人家安装了电话，农家日子一年比一年好，但其经济收入与山下村民比还相差不少。当地政府和投资商提出旅游开发的计划，将把纪王崮打造成集“崮崖风光、姬王故城、沂蒙人家”三大特色于一体的旅游景区。

图4-18　纪王崮上的标识、石屋、石磨和石路

纪王崮保存下了大量遗迹和奇闻逸事，如崮顶北部便是传说中的纪王崮金銮殿遗址；金銮殿遗址南面有并排的两座小山包，传说为纪王坟，现已进行了考古发掘。山东沂水纪王崮春秋墓葬（图4-19）被评为“2013年度全国十大考古新发现”之一（第3位）。墓地位于沂水泉庄镇纪王崮山顶，共发掘出两座春秋中晚期墓葬。M1为带一条墓道的岩坑竖穴木椁墓，由墓室、墓道及附属的车马坑组成。最大的特点是墓室与车马坑共凿建于一个岩坑之中，这是一种新发现的埋葬类型。在棺室、器物箱、车马坑及殉人坑中共出

图4-19　纪王崮春秋墓

土文物近200件（组）（图4-20）。M2则是一座未完工的岩坑竖穴墓，留下诸多谜团。此次发现，对研究沂水地区历史和春秋时期政治、经济、文化以及工艺技术、墓葬制度等具有重要的价值。

花岗奇峰——沂山双崮

在沂山主峰玉皇顶西北里许，东西两崮对峙，合称“双崮”，是沂山景观之一。双崮由古老的花岗岩，在地壳运动中断裂切割，山体上升，岩崩石落，又经亿万年风化剥蚀而成。双崮峰高耸秀，其间万丈深渊相隔，又称“双崮天阙”。东为狮子崮（图4-21），巨峰壁立，峭石嶙峋，远望似雄狮伏卧，惟妙惟肖；西侧为歪头崮（图4-22），坐北朝南，峰头斜出，犹如老者侧首天外，三面悬崖只有峰南一径可达崮顶，沿路有石刻、题字多处，以字大如斗的“入世蓬莱”隶书最醒

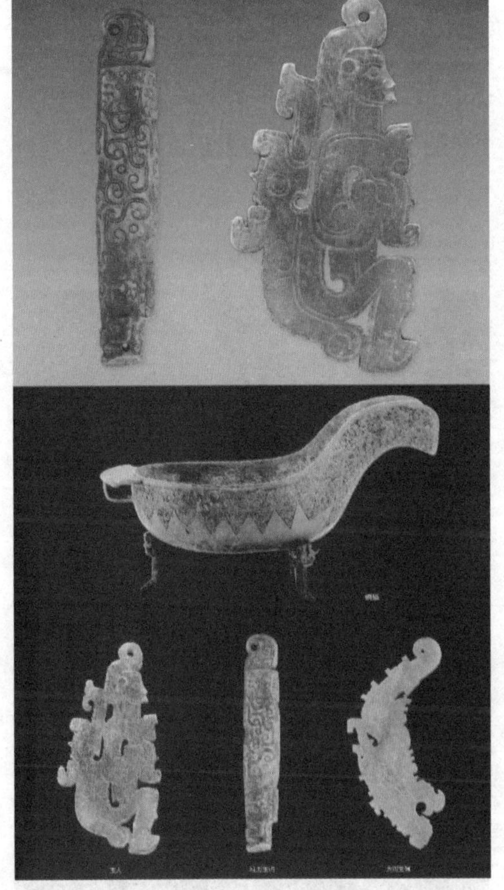

图4-20　山东沂水纪王崮春秋墓出土术形玉饰、玉人

图4-21　狮子崮

图4-22　歪头崮

目。峰顶有碧霞宫，传说是泰山碧霞元君故居，宫前一石穴，人称天池，池水清澈见底，似明镜天悬。东有一巨石探出绝壁，可观东海日出。凭石环望，岗岭起伏，群山若丘，水库如镜，梯田似锦，条条河流像金蛇舞动，使人赏心悦目。

狮子崮俗称扁崮，海拔972.0 m，山峰突兀，拔地而起，山势陡峭，极难攀登，山体底部由新太古代晚期第三阶段侵入岩傲徕山岩套蒋峪单元条带状中粒黑云母二长花岗岩组成，顶部为调军顶单元细粒二长花岗岩侵入形成。崮形正视形似雄狮伏卧，也如上山猛虎，亦似老子所骑之青牛。其阴，岩石灰褐色，漫生苔藓如茵，远望若青草茸茸，满山碧绿，故又称“青崖”。狮子崮呈东北西南方向，崮身狭窄纵长，四面绝壁，下临幽谷。山麓石崖层压重摞，险峭不可攀。近顶巅，石阪坡陡，平滑若墙。石隙岩罅间，松柏花木，形体各异。

歪头崮海拔971.0 m，山峰突兀（图4-23）。歪头崮四面峭壁若劈，三面临深谷巨壑，唯南隅悬崖盘错间有宽仅容身的崎岖小径可攀。极峰偏东南，且外探倾斜，似坠欲张，令人生眩，是“歪头崮”名称之由来。

图4-23 歪头崮云海

歪头崮山体整体由调军顶单元细粒二长花岗岩构成，水平、垂直节理发育，受内力地质作用影响，山体北侧抬升，南侧下降，岩石沿节理滑动，形成目前垂直峭壁。同时，风化作用作用于水平、垂直节理之上（图4-24），形成了歪头崮类似巨型石块堆砌成山的形状。

图4-24 歪头崮节理风化形成的直立石柱

华夏之崮——方山

“邑之镇山”——浙江温岭大溪方山

基本情况

温岭大溪方山位于总面积450 km^2的雁荡山脉之中，是浙江省温岭长屿–方山地质公园的一部分。2011年，温岭大溪方山与南非桌山结为“姐妹山”。方山层峦叠嶂，气势磅礴，四围石壁均在百米以上，山顶平直如砥，形如方盒，因而得名。山上有羊角峰、羊角洞和云霄寺。方山在温岭与乐清交界处，此山奇险，四面皆壁立千仞，唯独东面一岩石离地稍近，借竹梯方可上。其历史文化源远流长，被古人誉为“东南第一名山”，王羲之、徐霞客等名士都曾游历过此地，并留有优美的诗文。

温岭大溪方山是在1亿多年前的原始地貌改变过程中留下的火山遗迹，是亚洲最大的中生代流纹岩火山台地。景区面积9.88 km^2，周围绝壁深谷，高差皆在100 m以上，气势磅礴。山顶700亩坦荡开阔，恍若空中平原、天外琼台。2005年，方山南嵩岩景区被联合国教科文组织授予“世界地质公园”称号。2006年被列为国家风景名胜区。

图4–25是温岭方山群中的一个，岩壁陡峭，顶部较为平缓，没有乔木，草被发育。方山岩体耸立云天，雄浑壮观，其火山岩地层的柱状节理非常发育。

著名地质学家陶奎元认为，雁荡山独特的流纹岩地貌景观，在形态、成因、

图4–25　雁荡山脉中的方山

审美学意义上均有别于砂砾岩地貌、喀斯特地貌、丹霞地貌和花岗岩地貌，雁荡山地貌可以作为中生代火山岩地貌的模式地。它具有典型性、代表性，可称为雁荡山地貌或雁荡山型火山岩地貌。同时，地质学家还对雁荡山地貌进行了分类，包括“叠嶂”和方山等。他们认为叠嶂具有“山体直立似屏障，其顶平身陡，两侧直立面为断崖”的特点。这类叠嶂实际上相对于通常所说的方山类。

嶂者方展如屏，陡崖直耸云霄（图4-26）。对雁荡山的嶂使用“叠嶂”来形容和记载，最早出自徐霞客。雁荡山之洋洋叠嶂均由巨厚的流纹岩层构成，是多期次火山喷发、岩浆溢流而成。从岩浆岩的叠层数目可判断火山岩浆的溢流次数。其中横纹、曲纹均为岩浆流动的标志，纵纹理为垂直岩层的节理（裂隙）。

奇异、雄壮、秀丽并蓄于叠嶂，从不同方向观之，景色各异：于谷底，环视之嶂壁回合，平视之如城如墙，仰视之回嶂通天，非中午、子夜不见日月，震撼心灵；于高处俯视之，顶齐等高，排列分明，时断时续，展布有序。

雁荡山叠嶂有铁城嶂、游丝嶂、化城嶂、屏霞嶂、紫薇嶂、莲台嶂、朝阳嶂等。呈环状分布、厚度在30 m左右的流纹岩层，构成富有个性的叠嶂，显然有别于其他名山通常的断崖。

雁荡山之方山，呈方形或长方形山体，顶平而周边陡直，为两个方向的陡层崖。温岭方山是雁荡山地貌的重要组成部分。方山山顶平缓、开阔，周围为如刀削般的陡崖，气势恢宏，令人叹为观止；崖下为平缓的山麓。从下仰望，巍峨磅礴之势赫然在目。

图4-26　温岭方山，崖壁即为雁荡山羊角洞景区

岩性及地层特征

东西长25 km、南北长18 km的雁荡山气势磅礴，众山脉皆拔地而起，山势雄奇，堪比黄山，其地质遗迹更是堪称中生代晚期亚欧大陆边缘复活型破火山形成与演化模式的典型范例。它记录了火山爆发、塌陷、复活隆起的完整地质演化过程，享有“古火山立体模型”的美誉。位于温岭境内的雁荡山北沿余脉——方山是这一“立体模型”无法忽视的所在：它是我国最大的火山平台，是对以峰、嶂、岩洞景观为特色的雁荡山奇绝风光的最佳补充。

陶奎元等从地质的角度对雁荡山叠嶂及方山的形成与火山作用进行了有益探讨，认为方山熔岩台地貌是由山峰顶部的层状玻璃质火山岩帽发育而成的以裸岩陡崖为特征的地貌。雁荡山火山先后经历了四期喷发，形成由下而上四个岩石地层单元，火山喷发后又有岩浆侵入，构成一个侵入岩单元。

雁荡山火山第一期喷发：第一岩石地层单元，其岩相为火山碎屑流，代表性岩石为低硅流纹质熔结凝灰岩，分布于破火山边缘带，呈围斜内倾，火山内部由于断裂切割，于溪谷底部有部分出露。第二期喷发：第二岩石地层单元，其岩相为溢流相和侵出相，代表性岩石为流纹岩，呈复合熔岩流单元或岩弯。该岩石地层单元叠加在第一岩石地层单元之上，岩层近于水平或略向内部倾斜。雁荡山的嶂、洞和主要瀑布均分布这一岩石地层单元之中。第三期喷发：第三岩石地层单元，其岩石主要为空落凝灰岩，局部有薄的流纹岩层，凝灰岩带构成小型峰丛。第四期喷发：第四岩石地层单元，其岩相为火山碎屑流，代表性岩石为高硅流纹质熔结凝灰岩。该岩石地层单元分布最高层位，通常构成雁荡山锐峰。岩浆侵入单元：上述四期火山喷发结束之后有岩浆侵入，在破火山中发育中央侵入体，其岩石为斑状石英正长岩。上述四个岩石地层单元在剖面上依次叠置，在平面由外向内呈环状分布，构成了一个极其典型的破火山口（图4−27）。叠嶂与方山地貌和丹霞地貌

图4−27　雁荡山方山顶及山顶雁荡湖

相似，具有“顶平、身陡、麓缓”的特征，但其岩壁以棱角鲜明区别于后者的圆滑。在我国已建成的以火山地质遗迹为主体的国家地质公园中，多数为新生代火山地质遗迹。像温岭大溪方山这样单纯由中生代火山岩构成的风景秀丽的地质公园并不多见，其开阔台地和丰富的地貌景观（含梅雨瀑等），在我国火山岩风景区是极为罕见。

形成及演化

雁荡山叠嶂及方山地貌是内、外动力地质作用共同作用的结果。内动力地质作用首先形成了大型破火山，其后经历了地壳抬升剥蚀火山构造、区域构造断裂和岩石节理作用导致岩石破裂岩块崩塌、流水侵蚀以及风化剥蚀等外动力地质作用，最终形成了雁荡山岩石地貌。北宋科学家沈括游雁荡山后得出了流水对地形有侵蚀作用的结论，比欧洲学术界侵蚀学说的提出早600多年。

河北嶂石岩风景区的方山

嶂石岩风景名胜区（以下简称嶂石岩）位于河北省赞皇县境内，距省会石家庄市86 km，是距省会最近的消夏避暑天然胜地，为国家级风景名胜区、国家地质公园、国家AAAA级旅游景区。景区总面积120 km^2，主要分为纸糊套、冻凌背、圆通寺和九女峰四个景区。嶂石岩区位优势显著，东临天下第一桥赵州桥，西接大寨虎头山，北连圣地西柏坡，南牵临城崆山白云洞，居于冀南黄金旅游圈的中心，距北京、天津、济南、太原、郑州等周边大中城市均不超过400 km。这里出现的方山以里川沟东侧山地上的最为典型（图4-28），如黄庵垴、白马垴等。在槐河西岸支沟源头的分水岭处也有零星分布。

图4-28　河北嶂石岩景区的典型方山

该处方山位于太行山中段，地质构造上属于南北向并向北倾伏的赞皇大背斜的西翼。区域地层主要为厚的坚硬层，其岩性为中元古界长城系红色石英砂岩，产状平缓，岩性坚硬，节理发育，成为地貌发育的基础。砂岩岩层下面则是一层比较薄、比较软的泥岩或泥质砂岩。砂岩层上覆古生代寒武纪灰岩，构成了太行山的主脊。

据最新研究成果，大约在渐新世，喜马拉雅造山运动第一幕结束，地壳的构造运动比较宁静。太行山地区地表以剥蚀、夷平为主。整个太行山地都形成了准平原，即甸子梁期准平原。大约在中新世早、中期，喜马拉雅造山运动第二幕开始，本区内的地壳以抬升为主，太行山地初步形成。甸子梁期准平原被抬升到太行山顶部，构成了山地夷平面。随之，引起了外力的强烈侵蚀、剥蚀，开始雕塑着盘状谷以上的造景地貌。大约在中新世晚期至上新世早期，喜马拉雅造山运动第二幕趋于结束。外力的侵蚀、剥蚀又居于主导地位，并以侧蚀、展宽为主，逐步形成了盘状宽谷和山麓剥蚀面，即唐县期宽谷-山麓面。大约自上新世末期或第四纪初期开始，在喜马拉雅造山运动第二幕还没有最后结束的情况下，第三幕就提前到来。这就是新构造运动，太行山地又一次强烈抬升。至现在，已将甸子梁期夷平面抬高到了1 700~1 750 m，唐县期山麓面抬高到了1 200~1 400 m。与此同时，外力的侵蚀、剥蚀作用也在强烈地进行，并雕塑了盘状谷以下、“V”形峡谷中的地貌。目前，新构造运动还没有结束，太行山地仍在上升，河流仍在下切，“V”形峡谷中的地貌继续在雕塑。

由于长城系红色砂岩，年代古老，岩性坚硬，在历次的构造运动中受到侧向挤压，在岩层承受的挤压应力聚集和应力释放过程中产生的波动效应（或振荡效应）使岩层中的节理在一定间隔内相对密集成带，形成节理密集带。节理密集带内的节理密度最高达50条/米（一线天），是普通岩层节理密度的50～100倍。节理密集带的宽度可从几十厘米到几米，甚至十几米。由于密集的节理使岩石更加破碎，成为抗蚀能力较差的软弱带，流水（包括水流和冻融）、重力、风等外营力便沿此软弱带向陡壁横向切入，形成竖直的沟缝（其边界为节理密集带的边界）。该沟缝可切入陡壁数米、数十米甚至上百米（一线天为112 m）。而在沟缝切入陡壁后，如与其他方向的节理密集带交会或抵达与之共轭的节理密集带的交叉处，则沟缝便出现分叉现象而形成次级沟缝。如此发展，逐级分叉，形成多等级的树杈状沟谷系统。该发育机理是嶂石岩地貌发育的框架，也是形成方山、排峰、塔柱的主要机制。

河北省科学院地理科学研究所陈利江等专家的研究结果表明，嶂石岩地貌发育过程经历幼年期、青年期、壮年期和老年期共4个阶段：

幼年期（长墙、岩缝、垂沟、巷谷形成阶段）

在甸子梁期夷平面形成以后，随着喜马拉雅构造运动第二幕的开始，太行山中段地区的地壳快速隆起，从而使山体构造隆升，坚硬的石英砂岩岩层出露，并在其前缘形成陡崖。由于崖面上垂直节理，尤其是垂直节理密集带的存在，外营力便沿此侵蚀而发育成楔形岩缝，并向岩体内横向（或侧向）切入，如一线天、小天梯、槐泉寺、回音壁、冻凌背等崖壁上大小不等的岩缝，岩缝进一步发展，则成为巷谷。

青年期（方山、断墙、Ω形套谷形成阶段）

巷谷进一步扩大发育为障谷。障谷两壁又生成岩缝并发育成次级巷谷，如果相邻的巷谷间距在10～30 m间，则数个巷谷可组成一个套谷即Ω套谷。此阶段，由于次级巷谷的延长，山体被分割成方山，方山进一步发育为断墙，如大王台、仙人台、古佛岩、嚓玉崖等。

壮年期（石柱、排峰形成阶段）

一方面，障谷向下层侵蚀发育成叠套谷；另一方面，更次一级的沟缝或巷谷将方山进一步切割成排峰、石柱，如鸡冠寨、九女峰等。

老年期（块状残丘、孤石形成阶段）

排峰受到进一步侵蚀、分割而发育为塔柱（石柱），塔柱进一步风化而倒塌，形成块状残丘、孤石或块石堆，如白马垴等。它标志着嶂石岩地貌一个发育过程或演化旋回的结束。

“人间天台”——四川瓦屋山

该山位于四川盆地西沿的眉山市洪雅县境仙，距成都180 km。瓦屋山由于地质作用形成了向东西两侧略倾的屋脊状地形，从任何角度望去，此山整体上都状若瓦屋，因此得名“瓦屋山”（图4-29），山顶平台约11 km^2，南北长3 375 m，东西宽3 475 m，面积约为11 km^2，平均海拔

图4-29　“坦荡高原”瓦屋山

2 830 m，高出内蒙古“桌子山”681 m，被有关地质专家认定为中国最高、最大的“方山”。瓦屋山是亚洲最大的桌山，清代何绍基称瓦屋山为“坦荡高原”，而在民间则有“人间天台”之说。瓦屋山山顶平台上，1 500亩原始冷云杉林莽莽苍苍。

瓦屋山是名副其实的瀑布博物馆，由于瓦屋山是桌子山的特殊地质机构，景区有大小瀑布70多条，其中兰溪瀑布、鸳溪瀑布、鸯溪瀑布高度均超过500 m，是全球最高的冰瀑布。论瀑布数量和高落差瀑布数量，在四川景区中无可匹敌，具有极大的开发价值。

瓦屋山具有良好的生态环境，是动植物的天堂，60万亩天然杜鹃林，30万亩天然珙桐林，具有极高的观赏价值，“中国鸽子花的故乡”“世界杜鹃花的王国”这些称号绝非浪得虚名。瓦屋山还是国际鸟区（IBA）的重要组成部分，每年吸引大量国内外游客前往。瓦屋山在夏季雨水丰沛期，阵雨之前的闪电频率极高，也是国内最好的观看闪电的区域，具有极高的特种旅游开发潜力。

瓦屋山的雪景资源在四川省范围内属极佳，是上乘的旅游资源。瓦屋山冬季是南国观森林冰雪的最佳胜地。

瓦屋山是20世纪初全球最出名的植物学家和园艺学家威尔逊主要停留的地方之一，全球至今有17种植物以瓦屋山命名而被记载在《英国植物百科全书》中，成为瓦屋山文化旅游资源的重要组成部分。

“熔岩台地”——内蒙古平顶山

内蒙古平顶山（又名贝勒克牧场）位于锡林浩特市南、207国道35 km处以西2 km。远远望去，平坦的草原上巍然呈现出山顶平如刀削，山坡悬崖陡立，且排列有序、错落有致的自然景观（图4-30）。据地质学家考证，平顶山为亿万年前火山喷发而成，亦称“熔岩台地”，南抵浑善达克沙地北缘，东以锡林河为界，西至阿巴嘎旗查干诺尔-宝格达乌拉，北至中蒙边界，可分为白音图嘎和灰腾梁两个熔岩台地地貌小区，总面积为8 676 km^2，占全盟总面积的4.35%。该区内，台面、台间洼地

图4-30　熔岩台地——平顶山

与谷地相间分布，其中台面海拔高度为1 100～1 300 m。

阿巴嘎熔岩台地是第三纪至第四纪初期由于火山喷发而成的。在玄武岩台地上，三五成群地分布着204座锥形死火山丘，高差50～160 m。由于久经剥蚀和流水切割，多呈马蹄形或方形，山顶齐平，锥体丘低矮，周围常散布有大小不等、疏密不均的玄武岩石块，部分台面上有明显的玄武岩裸露，仅坡地上覆盖有残积物和坡积物薄层。

传说成吉思汗在此追一白狐，白狐忽然消失了，成吉思汗一怒之下拔剑而挥，削平了此山顶。平顶山现为锡林浩特市草原旅游八大景区之一。

平顶山远看虽平如刀削，但当登上山顶，会发现此山顶高低不平，且布满大小不等的火山喷发留下的凝灰岩岩块，许多地方基岩裸露，植被稀疏。

平顶山北依典型草原，南偎沙地疏林景观，东、西均为典型草原风光。观平顶山奇观景色，以日落时为最佳，俗称“平台落日”。每当夕阳西坠，落日的余晖似为平顶山抹上一层胭脂红，使平顶山显得格外妩媚动人，温顺多情，宁静致远。夕阳西下、牧包升烟的古朴景观，令游人思绪万千，流连忘返。

“东方的阿尔卑斯山”——重庆金佛山

金佛山距南川城区18 km，距重庆市主城区88 km，东与武隆为邻，南与贵州接壤。由于特殊的地理位置和气候条件，远古时期，缓冲了第四纪冰川的袭击，较为完整地保持了古老而又属不同地质年代的原始自然生态，喀斯特地貌特征明显（图4-31）。山势雄奇秀丽，景色深秀迷人。峰谷绵延数十条大小山

图4-31　金佛山

脉，屹立100多座峭峻峰峦。区内天然溶洞星罗棋布，以位于机身睡佛肚脐上的古佛洞最为著名，雄大幽深，洞中有山、有河、有坝，洞中有洞，层层交错。

2013年，中科院院士袁道先和国际喀斯特权威专家保罗·威廉姆斯等将其定名为喀斯特桌山。

金佛山风景四时不同：

春：万绿涌动，繁华似海；五色杜鹃，争奇斗艳。

夏：云雨霞霞，变幻莫测；休闲避暑，得天独厚。

秋：秋高气爽，层林尽染；笋壮稻熟，丰收气象。

冬：玉树琼花，银装素裹；冰雕玉砌，龙宫胜景。

"东方的诺亚方舟"——大瓦山

大瓦山屹立于四川省乐山市大渡河金口大峡谷北岸，海拔3 236 m，相对高差1 600 m，山顶面积1.6 km²，是世界范围内最有气场的桌形山之一（图4-32）。山顶高出东面的顺水河谷1 860 m，高出南面的大渡河水面2 646 m，其相对高度仅次于世界第一高大桌形山——南美圭亚拉高原的罗赖马山。

古生代火山喷发堆积而成的玄武岩、白云岩布满大瓦山的顶部。四周环绕着800～1 600 m不等的峭壁，仅北端的滚龙岗，通过木梯连接可以通达山顶，与"自古华山一条路"相比，其险峻陡峭有过之而无不及。

远望大瓦山，如突兀的空中楼阁，又如叠瓦覆于群山之巅，与国家森林公园瓦屋山、世界文化自然双遗产地峨眉山遥相呼应，成三足鼎立之势，景色奇绝，极其壮观。从峨眉山顶望去，大瓦山像一只巨大的诺亚方舟，高耸在云海之中。

图4-32 "东方的诺亚方舟"——大瓦山

大瓦山平面上近似一个底边朝西、顶角朝东的等腰三角形，朝向东北、东南和正西的三条边分别长约1 750 m、2 000 m和3 000 m，三面全为绝壁。在五池村一带，看到的是它东北面的绝壁，高差约1 400 m；由大渡河金口峡左岸的支沟白熊沟、丁木沟而上，可分别到达大瓦山西面和东南面的绝壁脚下，绝壁高度都在1 600 m左右。

大瓦山大天池山顶这一段，并非都是由“石炭岩岩板”构成。山体分为两层，下部是石灰岩，上部则是被称为“峨眉山玄武岩”的火山岩。绝壁上，二者颜色分明，石灰岩呈浅灰色，火山岩呈暗褐色。“峨眉山玄武岩”构成了大瓦山绝壁最精彩的部分，它那层层叠叠的构造，是远古的火山一次次喷发时，一层层堆积的火山熔岩流和火山灰的反映。

大瓦山绝壁环绕，看似无路，但在它东北面和西面绝壁的相交处形成一个坡度稍缓的山脊，成为上山的唯一通道，而且在这个山脊的石灰岩与火山岩层间还形成了一个宽约700 m的平台，名为瓦山坪，海拔约2 500 m，是登山的一个天然中途站。

Part 5 异域方山

方山作为特色鲜明的一类山岳地貌景观，在世界各大洲均有分布。其中，一些方山因具有独特的旅游价值，已经被开发为旅游区，接待来自不同地区的游客。在这里，让我们共同领略世界方山的奇、峻、美，聆听他乡“崮”事，感受异域风情。

北美洲的著名方山
——美国西部高原的天空之岛

地理位置

美国的峡谷国家公园（Canyonlands National Park，又译作坎宁兰兹国家公园）在美国西部高原区犹他州西南部的摩押镇附近，位于犹他州东南格林河（the Green River）与科罗拉多河（the Colorado River）汇合处，系多年河流冲刷和风霜雨雪侵蚀而成的砂岩塔、峡谷等，成为世界上最著名的侵蚀区域之一，以峰峦险恶、怪石嶙峋著称。

1964年此处正式建为公园，占地面积1 366 km^2。该公园被分为三部分，最北面，入口靠近Moab小镇的叫作空中岛屿区，最南面叫作针尖景区，最西面叫作迷宫景区。这里是一片规模巨大、大开大阖的荒野风光。其中，以方山为特征的天空之岛位于公园北部，处于科罗拉多河与格林河交汇点的上部。

地貌形态

天空之岛顶部宽阔且比较平坦，平均海拔高程为1 520 m左右，高出砂岩台地（sandstone bench）366 m，而砂岩台地则高出河床305 m，顶部距离水面约330 m。顶部以裸露的基岩为主，局部低洼处有风化形成的紫色土，在节理缝隙中生长有灌木，土壤区有稀疏草被，总体上乔木植被不发育（图5–1、图5–2）。

图5–1　天空之岛远景

图5-2　天空之岛近景

地质概况

该区域在宾夕法尼亚时期存在一个沉降盆地和与之相邻的抬升山脉。围陷在盆地内的海水在中宾夕法尼亚时期形成了较厚的蒸发岩。蒸发岩与山脉剥蚀物形成了Paradox地层。Paradox盐床在宾夕法尼亚晚期开始运动，一直持续到侏罗纪末期。一些科学家认为Upheaval穹顶是由Paradox盐床运动形成的，但更多的研究表明陨石撞击理论可能更正确。

宾夕法尼亚晚期，暖浅海再次淹没了该区域，形成了富含化石的砂岩、页岩岩系。紧接着进入了侵蚀阶段，形成了不整合接触。二叠纪初期，海洋扩张过程中沉积了Halgaito页岩。海岸低洼地带之后重新占据该区域，形成了象峡谷（Elephant Canyon）地层。

大的冲积扇填充了盆地，与奇形怪状的山系相邻处形成了富铁长石砂岩构成的Cutler红色岩床。海岸区的水下沙坝和沙丘与红色岩床交错，之后形成了浅色的锡达（Cedar）方山砂岩，这种岩石构成了方山的崖壁。此后，颜色较浅的氧化泥质沉积物形成了有机火山页岩。随后，海岸沙滩和水下沙坝沉积层再度占据主导地位，同时形成了分选极好、颜色单一的白条（WhiteRim）砂岩。

二叠纪海洋退却后形成了第二个地层不整合面。逐渐扩展的低地上的洪泛平原覆盖了原有的侵蚀面，潮汐面上也出现了泥质沉积物并形成了Moenkopi地层。当海岸退却导致侵蚀再度发生时，便形成了第三个地层不整合面。紧接着在侵蚀面上形成了Chinle地层。

三叠纪时期，该地区的干旱气候不断加剧，地表风沙以沙丘的形式进入该地区，形成了翼状（Wingate）砂岩。一段时期内研究区气候条件曾一度变得较为湿润，降水增加导致河流的径流量增大，河流对河床的下切侵蚀能力变强，最终使河流切穿了以沙丘形成的Kayenta地层。当干旱气候再度出现时，美国西北部被沙漠覆盖。在这样的气候背景下，形成了纳瓦霍（Navajo）砂岩。其中，在侵蚀时期内形成了第四个不整合面。泥面的出现形成了卡梅尔（Carmel）地层并且形成了Entrada砂岩。长时期的侵蚀剥蚀掉区域内大部分的San Rafael岩群以及白垩纪时期形成的所有地层。

7000万年前的Laramide orogeny造山运动开始抬升区域中的落基山脉，侵蚀加剧，当科罗拉多峡谷下切到Paradox地层的盐床时，上覆地层向河谷延伸，形成了地堑。在更新世冰期期间，降水增多，加剧了河谷向下切蚀的速度。类似的下蚀作用一直持续至今，但下蚀速率相对较低。

总之，天空之岛的方山主要有两大类型，其中侵蚀残留区以岩柱、岩墙为主（图5-3），另一类为长条形突出岩体（图5-4）。它们都是海相砂岩地层经历长期的构造抬升后，遭受地表径流侵蚀而形成的产物。

图5-3　峡谷地方山局部景观

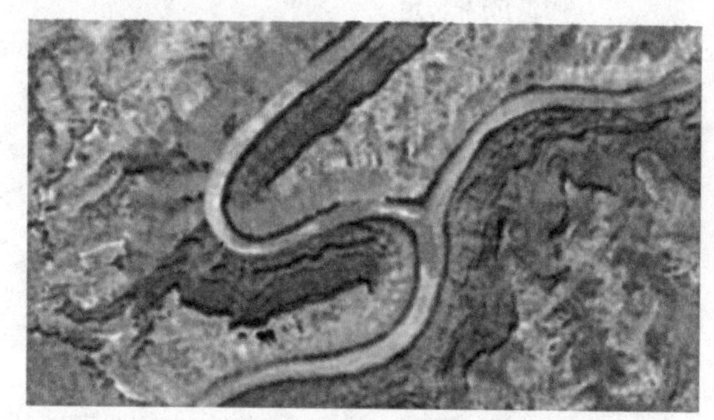
图5-4　美国峡谷地方山全貌（截图于Google Earth）

“上帝的餐桌”——南非开普敦桌山

地理位置

桌山（Table Mountain）位于南非的南端开普敦（CAPE TOWN，意为“海角之城”，图5-5），处于大西洋与印度洋两大洋的比邻处，是南非乃至世界上最著名的平顶山之一，是南非开普敦半岛国家公园的重要组成部分。它呈近东西向

图5-5　开普敦半岛卫星照片

展布，耸立于划分两大洋的开普半岛北端、开普敦城市西郊，其余脉狮子头峰、信号山、魔鬼峰与之相连，背靠不远处的高山峻岭，前拥波光粼粼的大西洋海湾，与印度洋海湾比邻。桌山南部的海湾为天然良港，并因桌山而得名为桌湾（Table Bay）。

桌山是开普敦市的著名地标，桌山顶部的风景被列为南非最著名的景观之一，对世界游客具有极强的吸引力。来此游览的游客既可以通过空中索道到达桌山之巅，也可以徒步攀登至山顶，在桌山的平坦顶面上可俯瞰开普敦市和桌湾全貌，并且可以同时欣赏大西洋和印度洋两大洋的汹涌波涛、旖旎风光。

开普敦西濒大西洋，南临印度洋，背山面海，气候温和，风光明媚，每年吸引世界各地的大量游客涌入。开普敦城始建于1652年，是西方殖民主义者在南部非洲最早建立的据点，享有“南非诸城之母”的称号。开普敦背靠的山就是桌山，因其山顶平展得如同一个巨大的桌面，故得此名，当地人称之为“上帝的餐桌”。

桌山位于开普敦城区西部，狮子头、信号山、魔鬼峰等，千姿百态，气势磅礴，郁郁葱葱。在开普敦，无论站在任何地方，放眼望去，桌山就在你的眼前，群峰绵延，景色壮观。尤其是夕阳西坠之时，群山笼罩着白丝条般的云彩，涂上一层晚霞，宛如鲜艳夺目的彩缎，装饰着碧蓝的天空，映衬出这座城市青山绿水的自然风光。

中国有句俗话："山不在高，有仙则灵。"桌山不算很高，但有着许多独特之处。山顶部分峻崖峭壁巍峨壮观，山腰一带热带林木苍翠欲滴，山脚地区车水马龙，港湾货轮穿梭，有机地构成一幅天然美景。

地貌形态

桌山主峰海拔1 086 m，由于地处印度洋和大西洋两洋交汇的特殊地理位置，加上奇特的地中海型气候条件，山顶常年云雾缥缈（图5-6），恰似一张轻薄的桌布，变幻着神奇莫测，有时云雾也会偶然散去，但这样的日子一年中屈指可数，而且每次也就持续数个小时。

桌山全貌如图5-7所示，在桌山顶部两端令人印象深刻的悬崖之间，平坦的顶面长约3 km（其中非常平缓的顶面长约1 500 m），宽200多米。桌山东边以魔鬼峰（Devil's Peak）为界、西边以狮子头（Lion's Head）为界，构成了开普敦城区生动的背景。桌山岩壁高耸，在开普敦城的衬托下雄伟壮观。在桌山东边，还发育了一个锥形孤峰，与桌山遥相辉映，意趣盎然。湛蓝的天空，碧绿的坡麓，包围着本色依然的桌山岩壁，层次清晰，风景独秀。

图5-6　轻雾笼罩的南非桌山

图5-7　南非桌山全景

地质概况

南非方山台地上部地层由奥陶纪石英砂岩组成，通常被称作“方山砂岩”（Table Mountain Sandstone）。这类砂岩具有很高的抗风化性能，常常形成特征鲜明的陡峭灰色峭壁。在砂岩的下部，是一层含云母的基部页岩，这类页岩非常易于被风化，由于风化物的覆盖，使得这类页岩层的出露不明显。岩壁的基底由晚前寒武纪高度变质的千枚岩和角页岩（phyllites and hornfelses）褶皱地层组成，它们以被非正式地称作“白垩土页岩（Malmesbury shale）”而闻名，曾经受过开普花岗岩（Cape Granite）的入侵。

基底岩石远非方山砂岩那样具有极强的抗侵蚀能力，但开普花岗岩的抗风化能力却较强，其主要露头在狮子头（Lion's Head）的西边可见。桌山顶部远看非常平坦，但在身临其境之时，会有不同的观感。由于长年受到海风的吹袭以及山顶土壤缺乏，缺少乔木，而在岩石节理缝隙中生长了灌木植物和草被。砂岩顶面边部看不到平整的砂岩层面，而是风化剥蚀残余的各类怪石，有的像浑圆的大石球，有的像沧桑的巨人，有的像舞蹈的仙女，有的像犀利的宝剑，等等。这是地表以风力为主经过长期剥蚀作用而成的产物（图5-8）。

南非桌山的形成主要是风蚀产物，也是风蚀地貌的一类。风蚀地貌多见于岩性强弱相间的沉积岩（主要是砂岩、泥岩等）地区，由风蚀作用所形成的风蚀地貌在大风区域有广泛的分布，特别是正对风口的迎风地段发育最为典型。南非开普敦正好位于大西洋的巨大风口上，突兀隆起的千余米海拔的桌山正对风口的迎风地段，风蚀作用特别强烈，经历了几千万年

图5-8　南非桌山顶部边沿的风化岩石形态

不断的风力侵蚀，形成了如今蔚为壮观的风蚀方山地貌。

但是，对于陡峻的桌山岩壁的形成来说，仅用风蚀作用是难以圆满解释的，因为陡峻的岩壁自然有沿岩石节理缝隙的崩塌作用制约。如前所述，该方山的岩壁地层是由石英砂岩构成的，而其底部是非常容易风化的页岩。这两类岩石存在明显的差异风化特征，砂岩底部的页岩风化速率大、向内凹进的程度显著，从而会引起上部一部分砂岩体的悬空和失稳，及至难以承受重力崩塌时自然就发生岩体坠落，从而形成陡峻的崩塌面（图5-9）。另外，桌山石英砂岩与下部侵入页岩地层的火山岩之间形成了不整合接触面，这个不整合面也是上部砂岩地层失稳崩塌的因素之一（图5-10）。

南非桌山的砂岩具有近水平层面，水平层理不发育，但是斜层理或交错层理非常发育（图5-11、图5-12），这可能揭

图5-9　桌山狮子头附近的石壁（邱建平摄）

图5-10　奥陶系含砾石英砂岩与下伏前寒武系的花岗岩不整合接触（何治亮摄）

图5-11　桌山砂岩地层中的槽状交错层理（何治亮摄）

图5-12　桌山砂岩地层中的楔状交错层理（何治亮摄）

示了滨海相沉积体系。因为滨海相石英砂岩粒度较细、分选好，而且胶结成岩作用也较好，使得桌山砂岩体具有很强的抗侵蚀能力。

千百年不断的大风，给山上的石头都留下了特有的印记，每块石头的顶部、侧面都有一条条深浅不同的沟壑，像形状各异的动物似的；石头的表层分布着许许多多、大小不等的斑驳陆离的蝴蝶斑，煞是好看。桌山顶上，可以说就是一个自然博物馆、地质馆。虽然植物不多，但它完全可以当之无愧地称为一个高山植物园。在这里，还有着有植物“活化石”之称的南非帝王花（图5-13）。

图5-13　争奇斗艳的帝王花

世界其他著名方山

天空之岛和南非桌山在形态特征方面具有很好的一致性，但在岩性和形成过程方面却有较大的差异，它们从不同方面展示了大多数方山的地层构成和形成过程。下面，我们再展示部分其他具有特色的方山。

意大利魔帝圣者方山

魔帝圣者方山（the mesa of Monte Santo, 图5-14）位于意大利撒丁岛中北部的Logudoro，似缓坡山坡顶部出现了较厚层的基岩山冈，顶部平坦，与其下部风化较强的岩层不同。从植被发育情况看，缓坡山坡上植被茂密，表明风化土层较厚，而方山顶部基岩裸露，植被不发育，岩壁及山顶部都没有乔木，表明很少保留风化层。

图5-14　意大利魔帝圣者方山

美国格拉斯山脉的方山

格拉斯山脉（Glass Mountains）位于美国俄克拉荷马州西北部，它由一系列方山组成，沿美国412公路延展。这类方山基本由下部的紫色易风化岩层形成山峰的主体部分，顶部出现较厚层灰色基岩，形成了陡峭的岩壁和平坦的顶面，成为色彩对比强烈的方山山系。这类方山的典型形态和色彩如图5-15所示。

图5-15　美国格拉斯山全貌

图5-16　美国格拉斯山近景

图5-16所示的方山也是美国俄克拉荷马州格拉斯山方山群里的典型方山，该方山位于美国俄克拉荷马州伍兹县（Woods County）境内，其岩性不同于前述其他主要方山，它的顶部是厚层石膏帽，下部由易于被侵蚀的胶结较弱的砂砾岩、泥岩等沉积地层构成。这个方山的最大特色在于山顶方山岩体为石膏地层，厚度较大，虽然也属于蒸发岩体，但却不同于其他地方可见的碳酸盐岩。鉴于方山的潜在旅游价值，俄克拉荷马州政府已经在此建立了一个公园，给登山者提供徒步登上方山的机会。

阿根廷瑟罗-尼格罗方山

瑟罗-尼格罗（Cerro Negro）方山位于阿根廷的Zapala地区，其俯视图如图5-17所示，该方山的平面形态不规则，岩层似乎不是特别致密，但差异风化作用还是使这里形成了顶部平坦、山坡较陡的方山地貌（图5-18）。当然，该方山相对周边地区的高程并不是非常突出。另外，该方山处于干旱半干旱气候区，草类植被寥落，乔木甚至灌木类植被罕见。

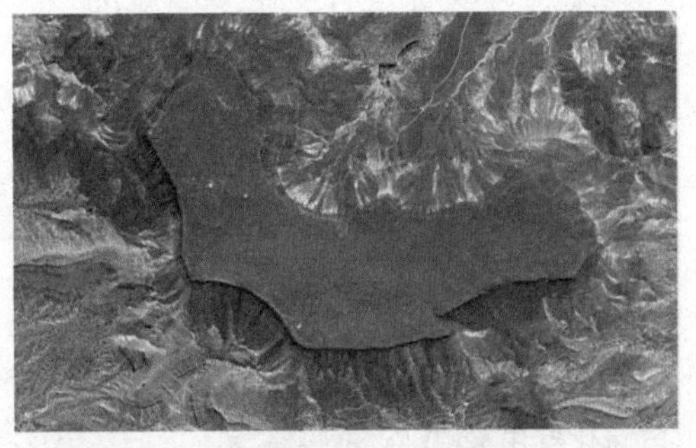

图5-17　阿根廷瑟罗-尼格罗方山的俯视图（Google Earth 截图）

图5-18　阿根廷瑟罗-尼格罗方山侧视图

美国科罗拉多高原纪念碑峡谷（Monument Valley）的方山

在科罗拉多高原地区有一个由砂岩

形成的巨型孤峰群区域（图5-19），这里的典型方山如图5-20所示，其中最大的孤峰高于谷底约300 m。该区域位于亚利桑那州与犹他州交界（坐标大约为36° 59′ N，110° 6′ W）附近。纪念碑峡谷在纳瓦霍族保留地之内，可经由美国163号公路到达。

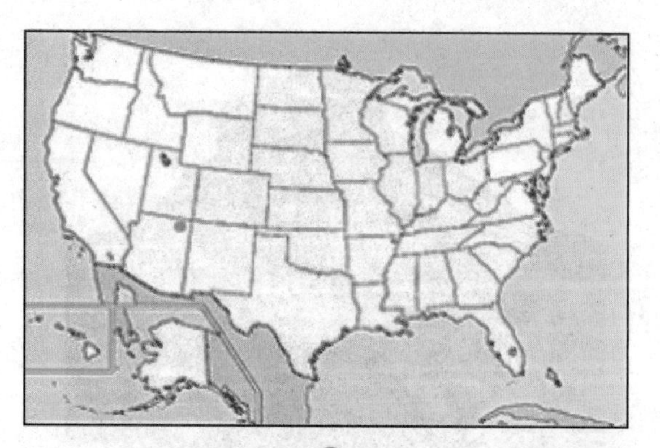

图5-19 纪念碑峡谷位置

纪念碑峡谷是科罗拉多高原的一部分。谷底大多是含粉砂岩的卡特勒组（Cutler Formation）地层或从河流切穿峡谷形成的沙质沉积物。纪念碑峡谷的鲜艳红色来自于风化的砂岩中暴露的铁氧化物，谷中较暗的蓝灰色岩石则是来自氧化锰的侵染。

图5-20 美国科罗拉多高原纪念碑峡谷的孤丘（butte）状方山

谷中的孤峰清晰地分成多个地层，最主要的地层有3个。最底下的地层是称为Organ Rock 的页岩，中间则是谢伊层砂岩（de Chelly），最顶层则是称为孟科匹（Moenkopi）层的页岩，更上方由被称为 Shinarump 的粉砂岩覆盖。纪念碑峡谷内有许多巨型岩石结构，其中包含了“太阳之眼”（Eye of the Sun）。

这里除了上述孤丘群居方山外，还有一类长形方山（图5-21），其地层组成及结构大致与前述孤丘状方山类似。

图5-21 美国科罗拉多高原纪念碑峡谷的长形方山

三国交界——罗赖马山

罗赖马山（Mount Roraima，图5-22）在西班牙语中作Monte Roraima，是南美洲北部帕卡赖马山脉的最高峰，在巴西、委内瑞拉和圭亚那三国交界处，为边缘陡峭、顶部平坦的桌状山地，长约14 km、宽5 km，海拔2 810 m，主要由砂岩构成，是奥里诺科河系、亚马孙河系以及圭亚那的许多河流的发源地，山麓有金刚石、铝土矿藏。

1912年阿瑟·柯南道尔爵士所著的小说《失落的世界》就是以罗赖马山为背景的，那里曾是翼手龙及其他史前期怪兽的栖身处。

地处特普伊高原（Tepui steatus）的帕卡赖马（Pacaraima）山脉，地质背景属于圭亚那地盾（Guiana Shield）边缘的中晚元古代盖层，是南美洲最古老的盖层之一。圭亚那地盾在太古代时就已成熟稳定，最老的岩石由深变质的片麻岩、麻粒岩和紫苏花岗岩组成——称为伊马塔卡杂岩，同位素测年显示其结晶成岩时限为35亿~36亿年。在遥远的太古代，南美洲地区圭亚那地盾最早抬升成为古陆，其余部分仍是一片汪洋。

到了中晚元古代，圭亚那古陆的南部地区（包括现在的罗赖马山在内）发展为宽阔的浅海和三角洲地带，在距今16亿~10亿漫长的地质历史时期沉积了巨厚的碎屑岩层，主要是高纯度的石英砂岩。地质学家把这套古老的盖层称为罗赖马群。由于生物的繁荣是寒武纪（距今约5亿年前）以后的事，罗赖马群的砂岩中不可能出现硬壳化石。

图5-22　罗赖马山

包括罗赖马群和依玛塔卡杂岩在内的圭亚那地盾此后一直处于稳定抬升的状态，几乎没有受到大的构造变动影响，因此这套古老的地层才有可能保存完好至今，我们也有幸看到如此壮观的桌形山。

不过，中生代时在罗赖马群砂岩中仍然发生了热液石英脉、辉绿岩脉的侵入活动，同位素测年显示时间为1.6亿~1.8亿年，当时地球上正发生着冈瓦纳超大陆的解体。元古代盖层之上还有少量的湖泊沉积岩层，那是中生代留下的，地质学家在其中发现了恐龙化石。

由于海拔较高、营养匮乏，在特普伊高原上生长的主要是地衣、捕食昆虫的猪笼草（pitcher plants, Heliamphora）和各种兰花，植物通过捕食昆虫从而获得更多的无机盐。生活在那里的动物包括昆虫、鸟类、两栖动物、小型爬行动物（蛇、蜥蜴）和哺乳动物。在罗赖马山大约80%的生物是当地特有的，世界其他地方已经绝迹。原因之一是，几百米高的岩石墙是湿润气流难以逾越的障碍，因此它的气候不同于高原下面的亚马孙盆地。盆地中是潮湿的热带气候，但在高原上具有较为温和的气候条件。

"荒漠上的城堡"——洪博里山

洪博里山在马里东部，北纬15° 15′、西经1° 40′，海拔1 155 m，是马里最高峰，有高差达600 m的峭壁（图5-23），附近为多贡人聚居区，产粟、高粱，有公路自东向西穿经北坡。

图5-23　洪博里山

"沉舟侧畔有诗踪"——本布尔宾山

本布尔宾山位于爱尔兰境内，斯莱戈以北15 km处，是一座形状奇特的石山（图5-24）。它经常出现在叶芝的诗歌之中，如《凯尔特的薄暮》（The Celtic Twilight）和《本布尔宾山下》（Under Ben Bulben），甚至被美誉为"叶芝的

图5-24　本布尔宾山

国”（Yeat's Country）。

“南部非洲的龙脉”——德拉肯斯山脉

德拉肯斯山脉（Drakensberg）为非洲南部主要山脉，为南非高原边缘大断崖的组成部分，又称喀什兰巴山，亦译作龙山山脉，海拔3 482 m，相对高差2 390 m（图5-25）。

德拉肯斯山脉从南非东部南回归线附近起，贯穿斯威士兰西部和莱索托东部，伸延到东开普省东南部，略呈弧形，绵延约1 200 km，将斯威士兰、夸祖鲁-纳塔尔省与姆普马兰加省、自由邦省、莱索托隔开，为注入印度洋诸河与奥兰治河水系的分水岭，新生代抬升的古地块边缘，大部海拔3 000 m以上。北段由强烈风化的古老花岗岩和深受侵蚀的卡鲁系砂岩、页岩组成，山体破碎，地势较低；南段地表有坚硬玄武岩层覆盖，山势高峻，其中，莱索托境内的塔巴纳恩特莱尼亚纳山海拔3 482 m，是南部非洲最高峰。

图5-25 德拉肯斯山脉

德拉肯斯山脉两侧呈阶梯状降低。东坡陡峻，受众多河流切割，地形崎岖破碎；面迎印度洋湿润气流，地形雨丰富，年降水量1 000~1 500 mm，局部2 000 mm。海拔1 200 m以下多垦为农田，海拔1 200~1 800 m的亚热带山地常绿林生长茂密，1 800 m以上是高山草地。西坡平缓，微向内陆高原倾斜，因处背风位置，气候偏旱，平均年降水量在750 mm以下。多草原和灌丛。山脉两侧农业特点迥异，东南侧沿海低地和丘陵是甘蔗、菠萝重要产区，西侧内陆高原是谷类生产和养畜区。山地有多处休养所和野营地，也是冬季主要登山运动场地。

莱索托境内山脉河流切割出深谷，多瀑布。德拉肯斯山脉冬季白雪皑皑，极富魅力，有许多休养所、旅馆和野营场地。但有几座山峰因攀登困难至今仍无人到达。海拔300 m以上有石楠属常青灌木和雏菊；更高处有石楠、柏树、山地凤尾蕉类植物和糖枫林等。

库科南山

库科南山位于委内瑞拉、圭亚那、巴西三国交界处，海拔2 627 m，库科南瀑布落差达610 m（图5-26）。

“天使的故乡”——奥扬特普伊山

奥扬特普伊山（Auyan-Tepui）位于委内瑞拉境内，海拔2 535 m，山顶面积666.9 km^2，世界最高瀑布安赫尔，世界最大平顶山（图5-27）。

“Auyan-Tepui”在当地贝蒙族语中是“魔鬼山”的意思。它是一座桌山，与周围的自然世界相孤立。在数百万年的岁月里，这里的进化都与外面的世界无关，也许恐龙或者它们进化之后的后裔还生

图5-26 库科南山

图5-27 奥扬特普伊山

活在这里。今天看来，柯南·道尔爵士的故事过于牵强，不过在很多方面来看委内瑞拉东南部都恰如一个“失落的世界”，因为这里的平顶山上生活着大量奇异的动植物。

天使瀑布位于加那伊玛国家公园（Canaima National Park）内，这是一处联合国世界遗产保护区。国家公园面积辽阔，在委内瑞拉东南部沿着圭亚那和巴西的边界延伸，占据了超过了3万km²的面积。公园中大约65%的面积是平顶山地形。这类地形是巨大的平顶砂岩高台，地质环境和生物环境都很特别，陡峭的悬崖和瀑布形成了壮观的景象。在上百个已知的平顶砂岩高台中只有不到一半被完全探索过。平顶砂岩高台是由大陆板块中裂缝被侵蚀之后抬升形成的。在大约400万年前，这里的平顶砂岩高台就已经成为今天看到的地形。

由于这里与世隔绝、水量充沛，形成了独特的环境，科学家对这里充满期待。一些平顶砂岩高台海拔之高足以阻挡云层，形成自己独特的气候条件，这里的降水年均3 800 m。由于被限制在平顶砂岩高地的山顶上，再加上这里湿度极高，这里多达一半的生物可能是这片地区特有的。

“世界上最大的石头”——艾尔斯岩

澳大利亚艾尔斯岩（Ayers Rock）（图5-28）又名乌鲁鲁巨石，东高宽而西低狭，是世界最大的整体岩石（它体积虽巨，但只是一整块石头）。它气势雄峻，犹如一座超越时空的自然纪念碑，突兀于茫茫荒原之上，在耀眼的阳光下散发出迷人的光辉。习近平主席访澳发表的演说中，也将历史悠久的艾尔斯岩与中国的万里长城相提并论，共同见证中澳友谊屹立长存、世代相传。

图5-28　艾尔斯岩

乌鲁鲁-卡塔丘塔国家公园是国际公认的世界遗产地区。它是联合国教科文组织（UN ESCO）认定的世界文化和自然双遗产。1987年首次被列入世界自然遗产，其地理构造、罕见的动植物和超乎寻常的自然美景得到充分肯定。1994年，它又被列为世界文化遗产，表明乌鲁鲁原住民、世界上最古老的族群之一阿南古人的传统价值体系得到了肯定。

这里介绍乌鲁鲁-卡塔丘塔国家公园内的两个主要景点，艾尔斯岩（乌鲁鲁）和卡塔丘塔（奥加石阵）。

“乌鲁鲁”是原住民对这块巨石的称呼，艾尔斯岩是后来白人到来后为它另起的名字。艾尔斯岩是一块巨大的单体岩石，长约3 km，宽达2 km，高350 m，周长则接近10 km。艾尔斯岩陡峭得接近垂直的岩壁、硕大无比的体积，让周围的一切都显得非常渺小。地面上能够看到的艾尔斯岩还只是冰山一角，它更大的部分隐藏在地表之下，大概有6 km那么深，而仅仅是露在地面的部分就已经堪称世界上最大的单体岩石了。最重要的是，这块红色巨石已经在沙漠地带历经了上亿年的风风雨雨。

在不同的季节和不同的气候条件下，艾尔斯岩会呈现出不同的色彩，甚至在一天中的不同时间里，艾尔斯岩也随时跟着光线而变化。清晨，阳光刚刚射到地平线以上，艾尔斯岩就立刻穿上浅红色的靓丽外衣，风姿绰约地展现在众人面前。这个时候很轻易就能拍到明信片一般的精彩照片。日落时分是艾尔斯岩最美的时刻。晚霞笼罩在岩体和周围的红土地上，艾尔斯岩从赭红到橙红，仿佛在天边燃烧，最后变成暗红，渐渐变暗，最终消失在夜幕里。肉眼看到的颜色变幻就有3~4种，不过如果将整个过程拍摄下来，会发现艾尔斯岩的色彩变幻比肉眼看到的更加丰富，几乎每时每刻都在变幻。

卡塔丘塔（奥加石阵）是国家公园内的另一处景点。卡塔丘塔在原住民语言中是“很多石头”的意思，与艾尔斯岩不同的是，它由36块巨石组成，位置就在艾尔斯岩以西约32 km处。

艾尔斯岩有争议的形成原因，更增加了她的神秘之感。

地质运动说

4.5亿年前，由于地壳运动，巨石所在的阿玛迪斯盆地（Amadeus Basin）向上推挤形成大片岩石。由于地块的隆起、交叠，使巨岩处于垂直状态。

大约3亿年前，又一次神奇的地壳运动将这座巨大的石山推出了海面。经过亿万年来的风化作用，周围的砂岩都被风化瓦解了，只有这块巨石凭着它特有的硬度抵抗住了风剥雨蚀，且整体没有裂缝和断隙，成为地貌学上所说的蚀余石。但长期的风化侵蚀，使其顶部圆滑光亮，并在四周陡崖上形成了一些自上而下、宽窄不一的沟槽和浅坑。因此，每当暴雨倾盆，在巨石的各个侧面上飞瀑倾泻，蔚为壮观。

陨石说

还有科学家认为，几亿年前，离地球运行轨道较近的一颗小行星因偏离了自己的轨道，坠入大气层而最终陨落到此。岩石的2/3沉入了地下，1/3露出地面，经过抬升、风化等地质变迁，形成了今天的艾尔斯岩石。

艾尔斯岩是原住民眼中的圣石，是一处具有重要的宗教和文化意义的圣地。原住民阿南古人在艾尔斯岩周边已经生活了几万年，艾尔斯岩是他们聚集议事的地方。在艾尔斯岩的奇特洞穴里，还能看到原住民的祖先们留下的古老绘画和岩雕，线条分明，圈点众多，用质朴的手法展现着他们对这个世界的认知和原住民之间流传的神圣故事。

在阿南古人的眼中，正是他们的祖先缔造了这片土地与这块不朽的巨石，而他们就是维护这片土地的后继者。加上艾尔斯岩刚好位于澳洲的中心，阿南古人便认为这块巨石是澳洲的灵魂与心脏，是一块不容侵犯的圣石。除了举行成年仪式或祭祀活动外，阿南古人不希望人们随意攀登艾尔斯岩。

参考文献

[1] 李存修. 沂蒙寻崮[N]. 人民日报: 海外版, 2012-07-17[08].

[2] 冯增芹. 岱崮纪行[J]. 时代文学・美文天地, 2013, 6(下半月): 217-221.

[3] 张义丰, 王随继, 等. 岱崮地貌的形成演化及开发价值[R]. 中国科学院地理科学与资源研究所, 2013.

[4] 邱建平. 南非桌山的地质景[J]. 浙江国土资源, 2010: 56-57.

[5] 阿滋楠. 桌山国家公园——上帝“餐桌”上的世界遗产[J]. 旅游纵览, 2014.

[6] 孔庆友, 等. 山东矿床[M]. 济南: 山东科学技术出版社, 2005.

[7] 临沂市地质矿产局, 山东省地质调查研究院. 临沂市地质矿产概论及开发研究[R]. 1997.

[8] 陈安泽, 等. 旅游地学大辞典[M]. 北京: 科学出版社, 2013.

[9] 路洪海. 鲁中南山区岱崮地貌景观的形成及演化[J]. 中学地理教学参考, 2013, 5: 21-22.

[10] 安仰生, 张旭, 陈希武, 等. 山东枣庄熊耳山崮形地貌成因及地质景观保护[J]. 山东国土资源, 2007, 23(6-7): 61-63.

[11] 安仰生, 张旭, 孙茂田, 等. 鲁中南岱崮地貌的成因及演化——以抱犊崮为例解析[J]. 山东国土资源, 2010, 26(2): 9-12.

[12] 陶奎元, 沈加林, 姜杨, 等. 试论雁荡山岩石地貌[J]. 岩石学报, 2008, 24(11): 2647-2656.

[13] 徐弘祖. 游雁荡山日记(后)//褚绍唐, 吴应寿. 徐霞客游记[M]. 上海: 上海古籍出版社, 2010.

[14] 陶奎元. 徐霞客与雁荡山——初论雁荡山自然景观成因与科学文化内涵[J]. 火山地质与矿, 1996, 17(12): 107-117.

[15] 孔庆友, 姜辉先. 齐鲁风光大全[M]. 北京: 科学出版社, 2013.

[16] 高洁. 鲁南奇峰——抱犊崮[J]. 走向世界, 1998: 80-81.

[17] 李玉香, 李敏. 孟良崮战役在解放战争中的地位及意义[J]. 档案春秋, 2012(5): 23-24.

[18] 吴方. 群崮竞秀忆峥嵘[J]. 山东档案, 2003, 6: 48.

[19] 周永军, 朱君. 沂蒙山区“崮”事多[J]. 山东档案, 2006, 6: 48.

[20] 吴增祥. 沂蒙之山——齐鲁72崮奇观[J]. 旅游, 60-69.

[21] 丁新潮, 徐树建, 倪志超. 山东岱崮地貌研究综述[J]. 山东国土资源, 2014, 31(11): 32-35.

[22] 刘瑞峰, 刘洪亮, 姚英强, 等. 山东蒙阴岱崮省级地质公园综合考察报告[R]. 山东省地质环境监测总站、蒙阴县国土资源局, 2012, 7.

[23] 杜圣贤, 杨斌, 刘书才, 等. 山东省济南市长清区张夏—崮山地质公园综合考察报告[R]. 山东省地质科学实验研究院地质矿产研究所, 2003, 9.

[24] 孔庆友. 山东地学话锦绣[M]. 济南: 山东科学技术出版社, 1991.

[25] 高峰, 吕兰颂, 张丽霞, 等. 山东省临朐县沂山省级地质公园综合考察报告[R]. 山东省地质环境监测总站、临朐县人民政府, 2010, 11.

[26] 王世进, 万渝生, 张成基, 等. 山东早前寒武纪变质地层形成年代[J]. 山东国土资源, 2009, 25(10): 18-24.

[27] 李元奇. “崮”的畅想[J]. 走向世界, 2014(14).

[28] 刘瑞峰, 李婷婷, 商婷婷, 等. 岱崮地质公园地质遗迹的形成及评价研究[J]. 能源技术与管理, 2014, 39(3): 186-188.

[29] 吴忱, 许清海, 阳小兰. 河北省嶂石岩风景区的造景地貌及其演化[J]. 地理研究, 2002(2): 195-200.

[30] 陈利江, 徐全洪, 赵燕霞, 等. 嶂石岩地貌的演化特点与地貌年龄[J]. 地理科学, 2011(8): 964-968.

[31] 袁道先. 中国岩溶学[M]. 北京: 地质出版社, 1994.

[32] 陈长明, 谢丙庚. 关于建立“张家界柱峰砂岩地貌”类型的探讨[J]. 湖南师范大学学报: 自然科学版, 1994, 17(4): 84-87.

[33] 唐云松, 陈文光, 朱诚. 张家界砂岩峰林景观成因机制[J]. 山地学报, 2005, 3.

[34] 郭康, 邸明慧. 嶂石岩地貌[M]. 北京: 科学出版社, 2007.

[35] 洪大卫, 王涛, 童英. 中国花岗岩概述[J]. 地质评论, 2007, 53(S): 9-16.

[36] 宋明春, 李洪奎. 山东省区域地质构造演化探讨[J]. 山东国土资源, 2001, 17(6): 12-21.

[37] 佚名. 地貌奇观——岱崮地貌[J]. 山东国土资源, 2008, 24(3): 60.

[38]《地球科学大辞典》编委会. 地球科学大辞典[M]. 北京: 地质出版社, 2011.

[39] 崮乡探奇(上、下)[N]. 中央电视台科教频道——“地理・中国”栏目, 2014年12月26日、27日.